走进大学
DISCOVER UNIVERSITY

U0244877

什么是
功能材料？

WHAT
IS
FUNCTIONAL MATERIALS？

李晓娜　编著

董红刚　陈国清　主审

大连理工大学出版社
Dalian University of Technology Press

图书在版编目(CIP)数据

什么是功能材料？ / 李晓娜编著. -- 大连 : 大连
理工大学出版社，2024.6
ISBN 978-7-5685-5019-2

Ⅰ. ①什… Ⅱ. ①李… Ⅲ. ①功能材料－普及读物
Ⅳ. ①TB34-49

中国国家版本馆 CIP 数据核字(2024)第 112324 号

什么是功能材料？　　SHENME SHI GONGNENG CAILIAO?

策划编辑:苏克治
责任编辑:王　伟　周　欢
责任校对:李宏艳
封面设计:奇景创意

出版发行:大连理工大学出版社
　　　　　(地址:大连市软件园路 80 号,邮编:116023)
电　　话:0411-84708842(发行)
　　　　　0411-84708943(邮购)　0411-84701466(传真)
邮　　箱:dutp@dutp.cn
网　　址:https://www.dutp.cn

印　　刷:辽宁新华印务有限公司
幅面尺寸:139mm×210mm
印　　张:5
字　　数:108 千字
版　　次:2024 年 6 月第 1 版
印　　次:2024 年 6 月第 1 次印刷
书　　号:ISBN 978-7-5685-5019-2
定　　价:39.80 元

本书如有印装质量问题,请与我社发行部联系更换。

出版者序

高考，一年一季，如期而至，举国关注，牵动万家！这里面有莘莘学子的努力拼搏，万千父母的望子成龙，授业恩师的佳音静候。怎么报考，如何选择大学和专业，是非常重要的事。如愿，学爱结合；或者，带着疑惑，步入大学继续寻找答案。

大学由不同的学科聚合组成，并根据各个学科研究方向的差异，汇聚不同专业的学界英才，具有教书育人、科学研究、服务社会、文化传承等职能。当然，这项探索科学、挑战未知、启迪智慧的事业也期盼无数青年人的加入，吸引着社会各界的关注。

在我国,高中毕业生大都通过高考、双向选择,进入大学的不同专业学习,在校园里开阔眼界,增长知识,提升能力,升华境界。而如何更好地了解大学,认识专业,明晰人生选择,是一个很现实的问题。

为此,我们在社会各界的大力支持下,延请一批由院士领衔、在知名大学工作多年的老师,与我们共同策划、组织编写了"走进大学"丛书。这些老师以科学的角度、专业的眼光、深入浅出的语言,系统化、全景式地阐释和解读了不同学科的学术内涵、专业特点,以及将来的发展方向和社会需求。希望能够以此帮助准备进入大学的同学,让他们满怀信心地再次起航,踏上新的、更高一级的求学之路。同时也为一向关心大学学科建设、关心高教事业发展的读者朋友搭建一个全面涉猎、深入了解的平台。

我们把"走进大学"丛书推荐给大家。

一是即将走进大学,但在专业选择上尚存困惑的高中生朋友。如何选择大学和专业从来都是热门话题,市场上、网络上的各种论述和信息,有些碎片化,有些鸡汤式,难免流于片面,甚至带有功利色彩,真正专业的介绍尚不多见。本丛书的作者来自高校一线,他们给出的专业画像具有权威性,可以更好地为大家服务。

二是已经进入大学学习,但对专业尚未形成系统认知的同学。大学的学习是从基础课开始,逐步转入专业基础课和专业课的。在此过程中,同学对所学专业将逐步加深认识,也可能会伴有一些疑惑甚至苦恼。目前很多大学开设了相关专业的导论课,一般需要一个学期完成,再加上面临的学业规划,例如考研、转专业、辅修某个专业等,都需要对相关专业既有宏观了解又有微观检视。本丛书便于系统地识读专业,有助于针对性更强地规划学习目标。

三是关心大学学科建设、专业发展的读者。他们也许是大学生朋友的亲朋好友,也许是由于某种原因错过心仪大学或者喜爱专业的中老年人。本丛书文风简朴,语言通俗,必将是大家系统了解大学各专业的一个好的选择。

坚持正确的出版导向,多出好的作品,尊重、引导和帮助读者是出版者义不容辞的责任。大连理工大学出版社在做好相关出版服务的基础上,努力拉近高校学者与

读者间的距离,尤其在服务一流大学建设的征程中,我们深刻地认识到,大学出版社一定要组织优秀的作者队伍,用心打造培根铸魂、启智增慧的精品出版物,倾尽心力,服务青年学子,服务社会。

"走进大学"丛书是一次大胆的尝试,也是一个有意义的起点。我们将不断努力,砥砺前行,为美好的明天真挚地付出。希望得到读者朋友的理解和支持。

谢谢大家!

苏克治

2021 年春于大连

前　言

科技引领人类社会的发展,在这个科技大爆发的时代,功能材料是一个极为活跃的研究领域。

在全球经济中,对于功能材料,尤其是特种功能材料的需求规模和需求增长速度,都是相当惊人的。因为功能材料涵盖了除机械特性之外的几乎所有功能特性,所以它的涉及面很广,与科技发展、日常生活及国防现代化建设都是密不可分的。

目前的国际形势下,特种功能材料一直是发达国家对我国形成技术垄断的重点领域。它们通过把持知识产权的形式,不但垄断中国市场,而且在贸易战中"卡脖子"销售。特别是国防现代化建设相关的关键特种功能材

料，一直受到西方国家的封锁，所以，我们必须走自强不息、独立研发的道路，必须正视功能材料研究和功能材料系统集成方面的创新性不足问题，加强研发投入、注重人才培养。

近年来，我国的经济实力不断发展壮大，已经成为全球第二大经济体，现有的14亿人口，构建了一个巨大的内需市场；技术创新、产业升级、基础设施建设和城市化进程等都决定了我国对功能材料的需求是巨大的。功能材料不仅是发展信息、生物、能源等高技术领域和国防建设的重要基础材料，而且是改造与提升我国基础工业和传统产业的基础，直接关系到资源、环境及社会的可持续发展。

功能材料专业正是在这样一个宏观大背景下产生的，它致力于培养具有功能材料与器件领域专门知识的高素质复合型人才，使其具备从事多种功能材料的设计、制备、表征、改性与器件化的研究和开发的基本能力。

功能材料包括怎样一个宏大的领域？特种功能的来源、研究现状及发展方向如何？功能材料专业的培养目标、课程设置及就业前景等，本书都会——介绍。

在编写本书过程中，编者参阅了大量文献资料，因为高度概括及篇幅所限并未全部列出,在此谨向所有作者表示诚挚的感谢!

　　由于功能材料体系庞大,本书是一本涉及声、光、电、热等多个研究领域的科普性读物,编写难度比较大。尽管编者秉承着非常严谨的态度,但难免会有疏漏和不妥之处,敬请广大读者和专家学者批评指正!

编著者

2024 年 4 月

目　录

走进功能材料

科学研究的进展及其日益扩充的领域将唤起我们的希望。

——A. B. 诺贝尔

1965年,美国贝尔实验室的 J. A. 莫顿首次提出了"功能材料"的概念,之后经日本国立研究所和许多大学的讨论和提倡,逐渐被世界材料学界所接受。

通过光、电、磁、热、化学、生化等作用后具有特定功能的材料统称为功能材料(functional materials)。这类材料也常被称为特种材料(speciality materials)或精细材料(fine materials)。相较于结构材料,功能材料除了具有机械特性,还必须具有某种功能特性。

▶▶功能材料的发展概况

功能材料的出现与人类发展的历程是息息相关的。20世纪60年代以来，随着物理学、化学和生物学等学科的飞速发展，制备材料的新技术及现代分析测试技术迅速兴起，极大地促进了功能材料的发展。各种各样的新功能材料纷纷被研制出来，而且逐渐批量生产进而得到应用，这在不同程度上推动了科学技术的进一步发展。

每个技术领域的发展和相应的基础功能材料的发展是相辅相成的。比如，电力技术的发展，使得电工冶金技术、金属磁性和电性功能材料都得到了较大的发展；微电子技术的发展，带动了半导体电子功能材料的迅速发展；激光技术及各种电光器件的大规模使用，使光学及光电子功能材料焕然一新；电子信息、能源、制造技术，以及国防和武器装备发展的强烈需要，不仅推动了形状记忆、储能、稀土、生物医用、超导等新材料的飞速发展，而且开辟了诸如金刚石薄膜、高性能固体推进剂、红外隐身材料、材料设计与性能预测等相关功能材料的新领域。21世纪以来，轨道交通、电子通信、新能源、航空航天等领域的迅猛发展,带动了新能源材料、电子信息材料、半导体材料、纤维复合材料、生物功能材料、电磁屏蔽材料、轻质高强铝合金和镁合金等新型功能材料企业及产业化基地逐步建成并投产。

国务院发布的《关于加快培育和发展战略性新兴产业的决定》中,新材料产业是重点发展的七大战略性新兴产业之一,同时也是其他战略性新兴产业发展的有力支撑。在新材料产业发展规划中,国家提出大力发展新型功能材料、先进结构材料和复合材料,还要开展共性基础材料的研究和产业化。因此,功能材料是当之无愧的新材料领域的核心之一,是信息、生物、能源、环保、航空航天等高技术领域的关键材料,功能材料成为世界各国研发的重点,也是战略竞争的热点。美国、日本、欧盟和韩国等都在最新科技发展计划中,把功能材料列为重点支持,强调其在提升国民经济、巩固国防、增进国民健康和生活质量等方面的突出作用。

▶▶**功能材料的分类**

由于功能材料的种类繁多,性质和应用范围非常广泛,所以没有统一的分类标准。如图1所示为功能材料常见的分类方法,每种分类方法都有其特定的侧重点和

应用背景。可以根据具体需求和用途选择合适的分类方法。新的分类方法和技术也在不断发展和涌现。

按材料
大类
- 金属功能材料
- 无机非金属功能材料
- 有机功能材料
- 复合功能材料
- ……

按材料
功能性
- 电学功能材料
- 磁学功能材料
- 光学功能材料
- 声学功能材料
- 热学功能材料
- 化学功能材料
- 生物医学功能材料
- 核功能材料
- ……

按材料
应用领域
- 电子材料
- 军工材料
- 核材料
- 信息工业用材料
- 能源材料
- 医学材料
- ……

按功能
显示过程
- 一次功能材料
  - 力功能
  - 声功能
  - 热功能
  - 电功能
  - 磁功能
  - 光功能
  - ……
- 二次功能材料（不同形式能量的转换）
  - 光能和其他形式能量的转换
  - 电能和其他形式能量的转换
  - ……

图 1　功能材料常见的分类方法

包罗万象的功能材料

> 科学本身并不全是枯燥的公式，而是有着潜在的美和无穷的趣味，科学探索本身也充满了诗意。
>
> ——周培源

要具备某一特定功能，材料内部必然伴随着相应的物理变化或化学变化，这要求我们在研究和应用功能材料时，必须深入探究其背后的物理化学过程。物质的基础是原子，原子由原子核和核外电子构成，而大部分物理或化学过程的核心在于核外电子的行为。核外电子的不同运动模式在很大程度上决定了功能材料的类别。具体地，在外加电场作用下，核外电子的定向移动是导电材料的基础；电子的自旋运动是磁性材料的基石；电子受激发后的跃迁是半导体材料、发光材料实现其功能的关键所

在；功能转化类材料与电子的移动有着密切的关联。接下来，我们将介绍一些常见的功能材料，简要叙述功能材料的定义和主要应用领域，以及功能材料在高科技发展中的关键地位和光明前景。

▶▶井然有序的电子世界——导电材料

导电材料是一种应用广泛的功能材料。我们把具有大量在电场作用下能够自由移动的带电粒子，能很好地传导电流的材料统称为导电材料，其主要功能是传输电能和电信号。

导电本身是一个简单的物理过程，中学物理告诉我们，电子的定向移动产生电流，电子源源不断地从发电机流向千家万户，那么发电机中的电子岂不是越来越少？

"电子的定向移动产生电流"，这一点是千真万确的，但电子的定向移动速度很慢，那么如何理解长距离供电只要合上开关就有电这个事实呢？

事实上，导电材料中原本的电子与原子核呈电荷中和状态，电动势为零。如果在导电材料构成的回路中建立一个电场，价电子就会脱离原子核的束缚形成定向移动的自由电子，值得注意的是，电场的传播速度是光速，即合上开关的瞬间,电场以光速在导电材料的两端建立起一个电动势,然后导电材料中的自由电子即开始定向移动产生电流。简单说,虽然自由电子的定向移动速度很慢,但是以光速建立的电场产生的电动势,使得导电材料中的自由电子步调一致地在导电回路中沿电场方向做定向移动,这样就产生了电流。所以,导电材料中成千上万的围绕原子核做圆周运动的电子,虽然看上去是无规则的,但是在导电时却做到了步调一致、井然有序。

→ →常规导电材料

不同领域使用的导电材料,除了基本的导电性能外,还需要其他一些辅助性能的匹配,比如电工领域使用的导电材料不仅要具有较高的电导率,而且要有良好的机械性能、加工性能,较高的耐腐蚀性、化学稳定性,满足资源丰富、价格低廉的条件。

目前应用的导电材料有很多,比较常见的有金属基导电材料和复合型高分子导电材料。

金属基导电材料包括纯金属(如铜、银等)、合金(如铜合金、铝合金等)、复合金属及特殊功能导电材料。纯金属和合金比较好理解。复合金属可由3种方法获得:利用塑性加工进行复合;利用热扩散进行复合;利用镀层

进行复合。高机械强度的复合金属有铝包钢、钢铝电车线、铜包钢等；耐高温的复合金属有铝复铁、镍包银等；耐腐蚀性的复合金属有银包铜、镀银铜包钢等。特殊功能导电材料是指不以导电为主要功能，而在电热、电磁、电光、电化学效应方面具有良好性能的导电材料。它们广泛应用在电工仪表、热工仪表、电气仪表、电子及自动化装置的技术领域。如高电阻合金、电触头材料、电热材料、测温控温热电材料。重要的有银、镉、钨、铂、钯等元素的合金，铁铬铝合金、碳化硅、石墨等材料。

复合型高分子导电材料，由通用高分子材料与不同导电性物质通过填充复合、表面复合或层积复合等方式合成。如导电塑料、导电橡胶、导电纤维织物、导电涂料、导电胶黏剂、透明导电薄膜等。常用的导电填料有镍包石墨粉、金属粉、金属箔片、金属纤维、碳纤维等。复合型高分子导电材料的性能与导电填料的种类、用量、粒度及它们在高分子导电材料中的分散状态密切相关。

不难看出，即使最常见的功能材料——导电材料，也要根据不同的应用领域和不同的应用工况给出实际应用的材料，因此，随着科学的不断进步和高技术领域的不断发展，研究人员不仅要对现有材料进行不断改进以提升其性能及使用寿命，而且要不断为新领域、新工况开发新材料。

➡➡超导材料

超导材料是一种在一定条件下可以呈现出电阻为零状态的新型材料。没有电阻,电流流经超导体时就不会发生热损耗,同时毫无阻力地在导线中形成的强大电流,可以产生超强磁场。

1911 年,荷兰物理学家 H. K. 昂内斯在实验室中意外发现,汞冷却到 4.2 K(约为 −269 ℃)时,它的电阻会突然消失,且许多金属与合金都有类似性质,即低温下电阻会突然消失。这是超导电性第一次被发现。直至 1951 年,美国科学家 J. 巴丁、L. N. 库珀和 J. R. 施里弗才从微观上较完美地解释了超导现象。

由于超导材料所需的超低温等严苛条件难以长时间维持,人们开始了探索高温超导的历程,使超导技术有更广泛的应用。1911—1986 年,研究人员将超导温度从 4.2 K(汞)提高至 23.22 K(铌三锗)。1986 年初,科学家发现钡镧铜氧化物的超导温度为 30 K;1986 年末,钡镧铜氧化物的超导温度又被刷新为 40.2 K。1987 年,美国华裔科学家朱经武、中国台湾科学家吴茂昆、中国大陆科学家赵忠贤相继在钇钡铜氧系材料中发现超导电性,将临界超导温度提高至 90 K 以上。1993 年,铊汞铜钡钙氧

系材料又将临界超导温度提高至 138 K。

中国对超导材料的研究始终没有停止，1986 年 12 月，赵忠贤等在钡镧铜氧化物中发现了 70 K 的超导迹象，随后开展的掺杂和替换元素的研究由于工作条件有限和样品杂质等屡屡受阻，终于在 1987 年 2 月在钇钡铜氧化物中发现了起始温度高于 100 K，中点温度为 92.8 K 的超导转变。

超导材料的零电阻特性，使其在超高压输电领域有着巨大的优势，能够最大限度地降低损耗。超导体中易于形成大电流，因此可以用于制造大型磁体，其中，室温超导可以用于磁约束热核聚变能源工程，而聚变能源的利用将对人类社会的发展产生深远影响。超导现象中的迈斯纳效应（超导体从一般状态相变至超导态的过程中对磁场的排斥现象）在交通运输领域也有着广阔前景，利用迈斯纳效应制造的超导车与超导船兼具速度与安静性，且无轴承磨损，未来势必会掀起一场交通工具革命。

尽管经过了数十年的研究，超导状态的呈现仍需要较为严苛的条件，例如高压、高温或者低温。因此，关于室温超导的研究一直是人们关注的重点。围绕超导材料进行的研究常常会掀起热潮，引发研究人员激烈的竞争。

其中有两件比较著名的事件:钇钡铜氧的发现和韩国室温超导事件。

1987 年 1 月 29 日,朱经武的合作伙伴吴茂昆在新合成的钇钡铜氧样品中测出了温度高达 90 K 的超导电性。次日,二人于休斯敦汇合并用更精密的仪器证实了实验结果。2 月 5 日,朱经武将两篇有关的研究论文寄往《物理评论快报》(*Physical Review Letters*),并在随后举行的新闻发布会上宣布了新超导成分将在文章正式发表时公开的消息。为避免泄密,朱经武首先尝试与《物理评论快报》的编辑协商,绕过常规评审过程,但未被允许。万般无奈之下,寄出论文前他将钇的元素符号 Y 改为 Yb(镱),在论文马上要发表前才致电编辑予以更正。事后证明,朱经武的担心不无道理,有关信息遭到泄露,关于镱的传言四起,虽然若干年后人们发现,镱钡铜氧竟然也是超导体,但朱经武的做法依旧在当时切实保护了团队的研究成果。

2023 年 7 月 22 日,韩国量子能源研究中心相关研究团队发表了两篇论文及视频,声称在常压条件下一种改性铅磷灰石晶体(LK-99)能够在 400 K(约为 127 ℃)以下表现为超导体。一时间引发世界关注,各大高校纷纷开展复现实验。华中科技大学研究团队首次验证合成了

包罗万象的功能材料

可以悬浮的 LK-99，并且晶体悬浮角度更大。中国科学院金属研究所孙岩研究员和刘培涛研究员表示，他们主要进行了理论计算，从计算结果来看，LK-99 有室温超导的可能性。然而北京航空航天大学研究团队却没有观察到磁悬浮现象和零电阻现象。东南大学孙悦团队的 6 片样品中只有 1 片样品出现了电阻降低现象。可见，复现实验得到的结果随机性很大，且并没有同时出现过磁悬浮现象和零电阻现象。

根据韩国研究团队的解释，LK-99 表现出两种特性：一是能在磁铁上以倾斜姿态悬浮；二是电阻率急速下降，分别对应了超导材料的磁悬浮现象和零电阻现象，因此认定其为室温超导材料。然而，研究人员发现 LK-99 中的杂质硫化亚铜才是电阻率快速下降并能部分悬浮于磁铁上方的原因。韩国研究团队给出的电阻率急剧下降的温度为 104.8 ℃，与硫化亚铜发生相变的温度相符，硫化亚铜本身并不是室温超导材料。而一旦合成出 LK-99 纯样品就可以发现，它其实是绝缘体。

LK-99 事件再次将室温超导材料的研究推上高潮，虽然以遗憾告终，但我们应该坚信未来室温超导材料必然可以造福人类。正如北京大学肖池阶教授所说："室温常压超导是物理学领域的圣杯，是人类梦想之一，在没有违背物理学基本原理、没有被确定证伪之前,需要大家带着梦想去探索,一切皆有可能。"

▶▶ 微观世界的旋转舞者——磁性材料

首先提出电子自旋概念的是 G. E. 乌伦贝克和 S. A. 古德斯密特,他们认为电子是一个带电的小球。与地球绕太阳的运动非常相似,电子不仅围绕原子核旋转,产生轨道角动量和轨道磁矩,而且围绕其自身的轴线自转,产生自旋角动量和相应的自旋磁矩。因此,磁现象和电现象之间的本质联系就是二者都与电子的运动结构密切相关。

电子磁矩由轨道磁矩和自旋磁矩两部分组成。在晶体中,电子的轨道磁矩受晶格影响方向不断变化,无法形成一个统一的磁矩,对外不显示磁性。因此,物质的磁性主要是由自旋磁矩引起的。由于原子核的质量是电子质量的约 2 000 倍,所以其运动速度比电子的运动速度慢得多,通常情况下原子核的磁矩非常小,可以忽略。

➡➡ 磁性材料的分类、发展和应用

能响应磁场并展现特定磁性行为的材料被归类为磁性材料。根据在外加磁场作用下物质所展现的磁性强度

不同,磁性能可分为 5 大类。

抗磁性　当物质受到外加磁场作用时,电子轨道会发生变化,如果感生出一个与外加磁场方向相反的磁矩,物质就展现抗磁性。Bi、Cu、Ag、Au 等金属具有这种特性。

顺磁性　原子内部存在永久磁矩,没有外加磁场作用时,由于原子做无规则的热振动,物质在宏观上不显示磁性。有外加磁场作用时,原子磁矩规则取向,使物质展现出微弱的磁性。含有奇数个电子的原子或分子,以及电子未填满壳层的原子或离子,如部分过渡元素、稀土元素等,都属于顺磁物质。

铁磁性　在较弱的磁场中也能获得极高的磁化强度,磁性来源于物质内部强大的交换作用场,使得相邻原子的磁矩平行排列,形成磁畴。这种自发磁化是铁磁物质的基本特征,该特征在居里温度以下保持良好,高于此温度铁磁性会消失,材料表现为强顺磁性。铁、钴、镍等物质在室温下具有显著的磁性,属于铁磁性材料。

反铁磁性　电子自旋反向平行排列,在同一子晶格中,电子磁矩同向排列;在不同子晶格中,电子磁矩反向排列,因此整个晶体在宏观上不显示任何自发磁化现象。

反铁磁性物质大多是非金属化合物，如 MnO。

亚铁磁性 与反铁磁性一样，亚铁磁性物质也有两套磁矩相反的子晶格，但是磁化强度不同，因此存在剩余磁矩。这类物质大多是合金，如 TbFe 合金。亚铁磁性也有向顺磁性转变的居里温度。

❖❖❖磁性材料的分类

根据材料磁化的难易程度，磁性材料通常分为软磁材料和硬磁材料两大类。软磁材料易于磁化，也易于退磁。硬磁材料则具有较高的矫顽力，不易退磁，常用于制作永磁体。

根据使用方式的不同，磁性材料主要分为永磁材料、软磁材料、功能磁性材料和压磁材料。

永磁材料是一种即使在大的反向磁场下也能保持其原磁化方向磁性的材料。永磁材料广泛应用于扬声器、电机、磁控管、磁轴承等多个领域。根据使用需要，永磁材料可以有不同的结构和形态。

软磁材料的主要功能是导磁、电磁能量的转换与传输。因此，这类材料要有较高的磁导率和磁感应强度，同时磁滞回线的面积或磁损耗要小。软磁材料广泛应用于

磁性天线、电感器、变压器、磁头等电子设备中。

功能磁性材料具有特殊的磁性能，如磁致伸缩、磁记录、磁电阻、磁泡、磁光、旋磁等。功能磁性材料主要用于信息记录、无接点开关、微波能量的转换与传输等领域。例如，旋磁材料广泛应用于隔离器、环行器、滤波器等微波器件中。

压磁材料的特点是在外加磁场作用下会发生机械形变，即产生磁致伸缩，压磁材料广泛应用于超声波发生器和通信机的机械滤波器等。

❖❖❖ 磁性材料的发展

中国在磁性材料的发现和应用上有着悠久的历史和重要的贡献。从战国时期的天然磁性材料记载，到 11 世纪人类发明制造人工永磁材料的方法，再到指南针的发明和使用，都体现了中国在磁性材料领域的领先地位。

随着时代的进步和科技的发展，磁性材料的应用也在不断拓展和深化。从电力工业的发展促进了硅钢片的研制，到永磁金属从碳钢到稀土永磁合金的性能提升，再到软磁金属材料从片状到粉状的变革，以及铁氧体软磁材料和永磁铁氧体的出现，都显示了磁性材料在技术和应用上的不断创新和进步。

16

进入 20 世纪,随着电子计算机的发展,磁性材料在计算机领域得到了广泛的应用。矩磁合金元件和矩磁铁氧体记忆磁芯的出现,对计算机存储器的发展起到了重要的推动作用。同时,微波铁氧体器件和压磁材料的出现,也在通信和声呐技术等领域发挥了重要作用。

近年来,非晶态磁性材料和非常规反铁磁体等新型磁性材料的发现和研究,为磁性材料的应用和发展注入了新的活力和可能性。这些新型磁性材料有望在高密度磁存储器件等领域发挥重要作用,推动磁性材料在技术和应用上的进一步发展和创新。

❖❖磁性材料的应用

磁性材料在多个领域中都扮演着至关重要的角色。磁性材料应用的核心在于利用材料的磁特性来存储、转换和传输电磁能量与信息,或者产生特定强度和分布的磁场。比如目前,磁性材料已广泛应用于核磁共振成像技术,为医学诊断提供了重要的支持。磁性材料已广泛应用于电机和变压器中,以提高电力系统的效率和性能。磁性元件如电感器、磁头、磁芯等是微电子领域不可或缺的组成部分,它们帮助实现电路的稳定性和高效性。磁性材料是制作滤波器、增感器等设备的关键材料,用以确

保通信系统信号的清晰度和传输效率。此外，磁性材料在国防技术中也有广泛应用，如磁性水雷和电磁炮，它们利用磁场的力量来实现特定的军事目标。另外，在家用电器中，磁性材料也发挥着重要的作用，如扬声器、电机等。磁性材料在探测、信息、能源、生物、空间新技术等领域中也得到了广泛应用。

总的来说，磁性材料在现代科技中发挥着举足轻重的作用。随着科技的不断进步，磁性材料的应用前景将更加广阔。

➡➡巨磁电阻材料

"巨磁电阻效应"是指磁性材料的电阻率在外加磁场作用下产生巨大变化的现象。利用这一效应开发的小型大容量计算机硬盘已得到广泛应用。

1857年，英国科学家 W.汤姆森发现了磁阻效应——外加磁场可以改变物质的电阻值大小。几乎所有的金属、合金和半导体中都存在电阻，但是这些材料的电阻值变化相对较小，因此其应用价值有限，主要用于制作一些简单的传感器。直到1986年，德国科学家 B.格林贝格尔发现，当两层铁磁性薄膜中间夹着特定金属时，随着特定金属厚度的改变，铁磁性薄膜的磁场方向会随之改变,以反向和同向交互循环,称为"层间耦合"。1988 年,法国科学家 A. 费尔特进一步发现,若在薄膜磁场反向的层间耦合组件上加一个大磁场,将其中一片薄膜的磁场硬是反转过来,就可以让这个组件的电阻值降得很低,且幅度高达 50%,这就是"巨磁电阻效应",即一个微弱的磁场变化可以在特定系统中产生很大的电阻值变化。自从巨磁电阻效应被发现以来,电子自旋研究成为国际上一个新的研究热点,并逐渐形成了一门新兴学科——自旋电子学。

日常生活中所见的磁盘即受惠于巨磁电阻效应。计算机硬盘是通过磁介质来存储信息的。磁性材料中磁矩的分布通常是一区一区的,称为"磁域"。在同一磁域中磁矩的排列方向都相同,但不同磁域的磁化方向可以不同,磁域的排列方向便可作为 1 或 0 的数字信号。最早的硬盘磁头是由锰铁磁体制成的,该类磁头通过电磁感应的方式,探测或改变部分铁磁性材料区域的磁矩方向,来读取数据。这种磁头的磁致电阻值的变化范围为 1%~2%,读取数据要求存在一定强度的磁场,且磁道密度不能太大,因此使用传统磁头的硬盘最大容量只能达到 20 MB/in。硬盘体积不断变小,容量却不断变大时,势必要求磁盘上每一个被划分出来的独立区域越来越小,

包罗万象的功能材料

这些区域所记录的磁信号也就越来越弱。基于巨磁电阻效应制作的磁头,经过不同磁矩方向的磁区时,其内多层薄膜中的磁性层会与磁区发生交互作用,进而影响磁头内多层薄膜中的磁性层,呈现平行状态或反平行状态,使得整个薄膜系统的电阻值产生极大变化,影响通过电流的大小,由此读取磁区的相关数据。基于巨磁电阻效应制作的磁头能够读出较弱的磁信号,并且转换成清晰的电流变化的灵敏磁头。1994 年,IBM 公司基于巨磁电阻效应成功研制出"新型读出磁头",将磁盘密度提高了17 倍。1995 年,IBM 公司成功研制出 3 GB/in 硬盘面密度所用的读出磁头,创下了世界纪录。硬盘的容量从4 GB 提高至 600 GB。1997 年,第一个商业化生产的数据磁头由 IBM 公司投放市场。如今,借助巨磁电阻材料,我们已经用上了容量为 1 TB(1 024 GB)以上的硬盘。巨磁电阻技术已经成为全世界几乎所有计算机、手机的标准技术。同时,基于巨磁电阻效应制作的磁头可以作为磁场探测器,应用于微型数字罗盘、导航、战场磁信息收集阵列、磁电隔离耦合器件等。

基于巨磁电阻效应制作的磁头广泛应用于计算机存储器上。目前常用的存储器可分为两类:一是挥发性存储器,如动态随机存取存储器(DRAM)或静态随机存取存储器(SRAM);二是非挥发性存储器,如快闪存储器。"挥发性"与"非挥发性"有本质上的区别。当某个元件储存资料后,若外部电源关闭,则在电源重新启动时先前存储的资料尚能保留,这种方式称为非挥发;若外部电源关闭,则在电源重新启动时先前存储的资料不能保留,这种方式称为挥发性。DRAM 和 SRAM 都是计算机中重要的存储器,它们的特性各异。DRAM 耗电量大且数据处理速度慢,其优点是容量较大;SRAM 数据处理速度非常快,其缺点是存储密度相对较低。由于 DRAM 与 SRAM 都属于挥发性存储器,因此当计算机启动时,都须重新执行系统的载入动作,耗时甚多。若能使用非挥发性存储器取代它们,则当计算机启动时,便会直接进入关机时的状态。现有的非挥发性存储器因数据处理速度缓慢,且读写数次后便会失效,因此尚无法取代 DRAM 和 SRAM。但若能基于巨磁电阻效应开发出磁阻式随机存取存储器(MRAM),则除了兼具非挥发性、省电、处理速度快及可重复读写的特性之外,MRAM 具有较高的存储密度。未来,若 MRAM 成功取代目前计算机、手机上的存储器,则不仅能大幅降低功耗,而且开机时间也能缩短至 1 s 以内。

目前,有许多新型自旋电子材料已经被开发出来,这

包罗万象的功能材料

些新型自旋电子材料具有独特的性质和多功能性。其中包括有机半导体（OSCs）材料、有机-无机混合钙钛矿（OIHPs）材料和二维材料（2DMs）等。这些材料在自旋电子学中发挥着重要作用，有助于开发各种多样化和先进的自旋电子器件。

▶▶惊险的跳跃——电子跃迁材料

我们知道，原子由原子核和核外电子构成，电子在原子核周围按照一定的规律运动。很多人认为电子就像地球围绕太阳旋转一样围绕着原子核旋转。其实这个想法是错误的，电子的运动规律跟一般宏观物体的运动规律不同，它没有明确的绕转轨道。量子力学告诉我们，我们不能同时准确地测定出电子在某一时刻所处的位置和运动速度，也不能描绘出它的运动轨迹。因此，我们只能使用数学函数来描述电子的状态，这个函数叫作波函数。波函数能描述电子在某个空间范围内出现的概率，但是不能描述电子在空间中的运动轨迹。

虽然波函数不能描述电子在空间中的运动轨迹，但是能描述电子在原子核外的运动状态，这些运动状态分别对应于一定的电子能量值。这些电子能量值是不连续的，人们称之为电子能级。原子中的电子能级不是随机分布的,而是按照一定的顺序分布的,是由原子结构和电子之间的相互作用决定的。电子的能量可以发生变化,但是只能从一个能级突变到另一个能级,而不是从一个能级逐渐变到另一个能级,这就是电子跃迁。顾名思义,如同我们进行跳跃,触地只发生在起跳点和落地点,中间是腾空的。或者像爬梯子,只能从一个梯级直接跨到另一个梯级,相邻梯级之间并没有可以给我们落脚的地方。

那么,电子跃迁是怎么发生的呢?根据能量守恒原理,电子从低能级跃迁到高能级,需要吸收能量;电子从高能级跃迁到低能级,需要释放能量。吸收或释放的能量值,与这两个能级之间的能量差值相对应。最常见的能量体之一就是光。光具有波粒二象性,有时候我们称它为光子或光波,在这里我们主要称它为光子。当人们用一束光照射原子时,如果这束光的频率等于两个能级之间能量差所对应的频率,那么有很大可能性触发电子吸收一个光子,电子从低能级跃迁到高能级。如果电子本来就在高能级上,那么有很大可能性释放一个光子,电子从高能级跃迁到低能级。电子在不同能级之间发生跃迁时,伴随着光或其他电磁波的吸收或发射,这种跃迁称为辐射跃迁。还有一种无辐射跃迁,是指电子在不同能级之间发生跃迁时,不伴随着光或其他电磁波的吸收或

发射,而是通过与其他粒子碰撞等方式交换能量。

前面我们讲述的都是电子在原子核外的能量分布状态,但是固体材料是由许多原子聚集在一起形成的,这个时候原子间会发生相互作用,导致一些电子能级发生变化,有的比原来的能量值高,有的比原来的能量值低,这就是能级分裂。一个原子本来有 a 个分立的能级,两个原子的每个能级分裂成两个就是 $2a$ 个能级,N 个原子的每个能级分裂成 N 个就是 Na 个能级。当能级数量越来越多,有的能级间隔越来越小,能级就可能变成准连续的。就像我们看到一片草地,实际上小草是一棵一棵的,但是从远处看就是一整片绿草地。这种在固体材料中电子能量的特殊分布形态,称为能带,每个能带中包含了许多个可以容纳电子的能级。如上,N 个原子有 a 个能带,每个能带中有 N 个能级,一共 Na 个能级。能带之间的能量差异区域,称为带隙。

在一个原子中,电子能级的数量是有限的,每个能级允许一定数量的电子存在,每个能级存在电子的数量也是有限的,处于同一个能级的电子具有相同的能量。根据能量最低原则,电子总是最先填充最低能级,然后按照能量由低能级到高能级的顺序填充。每个原子的电子数量也是有限的,处于当前电子数量下能填充到的最高能级的电子，一般也是距离原子核最远的原子，称为价电子。在固体材料中，我们知道能级分裂成了能带，被价电子填满的能带称为价带。价带的下一个高能带，称为导带，一般是未被价电子填满的能量较高的能带。当外加能量（如热激发或光照射）作用在材料上时，电子可以从价带中获得足够的能量跃迁到导带。导带中的电子具有较强的运动能力，它们可以在晶体中自由移动，并参与材料的导电行为。价带和导带之间的带隙，即被填满的价带的最高能级和未被填满的导带的最低能级之间，称为禁带，禁带的能量宽度大小直接影响材料的导电性质。绝缘体的禁带宽度较大，电子需要获得足够的能量才能跃迁到导带，因此几乎没有自由移动的电子可用于导电。金属的禁带宽度为零或非常小，使电子能够轻松地从价带跃迁到导带，从而实现良好的导电性。半导体的禁带宽度通常介于绝缘体和金属，可以通过掺杂或加热等方式调节带隙大小，从而改变材料的导电性能。

半导体材料在现代电子科技中扮演着重要的角色，利用半导体材料制作的半导体器件和集成电路，促进了现代信息社会的飞速发展。人们通过外加电场控制半导体材料价带中的电子跃迁，调控材料的导电性能，进行信息传递等功用。在生活中，半导体材料广泛应用于电子

产品和设备中，如手机、电视、计算机、汽车。随着半导体产业的发展，半导体材料也在逐渐发生变化，已经从第一代半导体材料过渡到第三代半导体材料，并向着第四代半导体材料进发。

第一代半导体材料发明并使用于 20 世纪 50 年代，以硅（Si）、锗（Ge）为代表。最早的半导体材料是锗。世界第一个晶体管和第一块集成电路的材料均是锗。20 世纪 50 年代，锗在半导体材料中占主导地位，主要应用于低频、低压、中功率晶体管和光电探测器，但是锗半导体器件的耐高温和抗辐射性能较差，到 20 世纪 60 年代逐渐被硅器件取代。硅构成了几乎一切逻辑器件的基础，目前全球 95% 以上的半导体芯片和器件是以硅为基础材料制作的，硅基器件很好地解决了电能的转换和控制问题。然而由于硅材料的带隙较窄、电子迁移率和击穿电场较低等，硅材料在光电子领域和高频、高功率器件方面的应用受到诸多限制。

第二代半导体材料发明并使用于 20 世纪 80 年代，主要是指化合物半导体材料，以砷化镓（GaAs）、磷化铟（InP）为代表。第二代半导体材料具有较高的电子迁移率，相比于硅材料具有更好的光电性能，工作频率更高，耐高温、抗辐射，使半导体材料的应用进入光电子领域，尤其是在红外激光器和高亮度的红光二极管方面的应用。4G时代砷化镓广泛应用于通信设备领域,主要应用于微波通信、光通信、卫星通信、电光器件、激光器和卫星导航等,主要解决数据传输的问题。然而由于资源稀缺、大尺寸制备困难、成本高等,尤其是砷有毒性、污染环境,磷化铟甚至被认为是可疑致癌物质,第二代半导体材料的应用受到很大限制。

第三代半导体材料发明并使用于20世纪末,主要是指宽禁带(禁带宽度 $E_g > 2.3$ eV)半导体材料,以碳化硅(SiC)、氮化镓(GaN)、氧化锌(ZnO)、氮化铝(AlN)为代表。第三代半导体材料具有禁带宽度大、击穿电场高、功率密度大、热导率高、电子饱和速率高、抗辐射等优点,因而更适合制作高温、高频、抗辐射、大功率器件和半导体激光器等。其中以碳化硅和氮化镓为核心材料。碳化硅具有更高的热导率和更成熟的技术,而氮化镓具有直接跃迁、电子迁移率高、电子饱和速率高、成本低的优点。两者的不同优势决定了其在应用范围上的差异,在光电领域,氮化镓占绝对的主导地位,而在其他功率器件领域,碳化硅更有优势。碳化硅材料适用于制作高温、高压、大功率器件,而氮化镓材料更适用于制作高频、中小功率器件,"充电五分钟,通话两小时",现在的手机充电,

包罗万象的功能材料

之所以"又快又持久"，是因为在快充中，使用了第三代半导体材料氮化镓。

第四代半导体材料发明并使用于 21 世纪，主要是指新型的宽禁带半导体材料，以氧化镓（Ga_2O_3）、金刚石为代表。氧化镓由于自身的优异性能，凭借其比第三代半导体材料碳化硅和氮化镓更宽的禁带，在紫外探测、高频功率器件等领域获得了越来越多的关注。氧化镓是一种宽禁带（禁带宽度 $E_g = 4.9 \text{ eV}$）半导体材料，其导电性能和发光性能较好，因此，其在电光器件方面有广阔的应用前景，被应用于镓基半导体材料的绝缘层及紫外线滤光片。业内对氧化镓更大的期待是用于功率器件。使用氧化镓制作的半导体器件可以实现更耐高压、更小体积、更低损耗，可以有效降低新能源汽车、轨道交通、可再生能源发电等领域在能源方面的消耗。金刚石被视为"终极半导体"材料，具有超宽禁带、导热系数高、硬度高的特点。但也由于硬度高，实现半导体级别的高纯净度较为困难，实现产业化还有相当的距离。

不同半导体材料之间的主要区别就在于禁带宽度，禁带宽度决定了电子跃迁的难度，禁带越宽，半导体材料越接近绝缘体，器件的稳定性越强。由于半导体的发展具有周期性，每一代半导体材料给集成电路带来的效果和发展也是不一样的,目前各种半导体材料形成互补关系,如硅适用于数字逻辑芯片、存储芯片等;氮化镓适用于高频领域;碳化硅适用于高压领域。在5G和新能源汽车市场需求的驱动下,碳化硅、氮化镓等第三代半导体材料的优势日益凸显。第四代半导体材料还待更多的研究和开发。

▶▶集万千功能于一身——功能转换材料

众所周知,能量是守恒的,它不会凭空产生或消失,但是能量可以传播,前文讲的半导体材料就可以将电能从一个地方(物体)传播到另一个地方(物体);能量也可以转换,从一种能量形态转换成另一种能量形态,例如太阳能电池,可以将太阳能转换成电能储存起来。这种能够实现不同形式能量之间转换的材料称为能量转换材料。如果利用能量转换效应制作具有特殊功能的元器件,那么这种材料也可以称为功能转换材料。在日常生活和生产中,功能转换材料随处可见。

➡➡能源纵横:电池材料大揭秘

早期的电池(battery)是将化学能转换成电能的装置,这个装置中包括正极材料、负极材料和电解质溶液,

利用金属作为正、负极插入电解质溶液就可以产生电流。随着科技的进步,电池材料(包括正、负极和电解质溶液)不断改进更新,电池的能量转换方式也不断扩大,现在的电池泛指能产生电能的小型装置,比如常见的太阳能电池就是利用太阳能转换成电能的电池,下面了解一些目前研究比较多的电池材料。

❖❖❖太阳能电池材料

要了解太阳能电池是如何将太阳能转换成电能的,需要先了解"光生伏特效应"。当太阳光照射到某种材料(如半导体材料)上时,光子会被吸收,被吸收的这部分能量会激发材料中的电子从价带跃迁到导带。这个过程会导致材料两端产生电压差,即形成电压。这其实首先是由光子(光波)转换成电子、光能量转换成电能量的过程;其次是形成电压的过程;进一步地,如果两者之间连通,就会形成电流的回路。太阳能电池就是利用光生伏特效应将太阳能转换成电能的,从而为多种电子设备提供电力。值得注意的是,利用光生伏特效应时,选择合适的材料非常重要。理想的材料要能高效吸收光子、导带电子容易被收集、稳定性好、制备质量高(避免污染和结构缺陷),这样才能保证器件的性能和寿命。

光生伏特效应既可以将太阳能转换成电能，为多种电子设备提供电力，又可以将光信号转换成电信号，制备光电二极管，在光通信领域用于长距离信息传输。

1839年，法国物理学家A. E. 贝克勒尔第一次发现光生伏特效应。1849年，术语"光-伏"（photo-voltaic，PV）出现在英语中。1883年，C. 弗里茨在一个硒半导体上覆上一层极薄的金层形成"半导体-金属"结，转换效率只有1％。1946年，R. 奥尔申请了现代太阳电池的制造专利。随着人们对半导体材料的物性逐渐了解，加工技术的不断进步，1954年，美国贝尔实验室利用在半导体材料硅中掺入一定量的杂质后对光更加敏感这一现象制造了第一个太阳能电池。至此，正式开启了太阳能电池时代。1958年起，美国就已经将太阳能电池用作人造卫星的能量来源。20世纪70年代，能源危机更让世界各国都认识到能源开发的重要性，人们开始把太阳能电池的应用转移到一般的民生用途上。

利用太阳能发电可以采用两种方式，"光—热—电"转换方式和"光—电"直接转换方式。"光—热—电"转换分两步：第一步是"光—热"转换，太阳辐射产生的热能通过集热器转换成工质的蒸汽；第二步是"热—电"转换，用蒸汽驱动汽轮机发电，这一步与火力发电一样。这种方

包罗万象的功能材料

式效率低、成本高(比火电站贵 5～10 倍),只适用于小规模特殊场合,无法与传统火电站或核电站竞争。"光—电"直接转换就是太阳能电池采用的方式,选择满足条件(光电性质)的特定材料,利用太阳辐射光子与半导体中的自由电子作用产生电流。太阳能电池发电具有可再生、环保等优点。

太阳能电池种类繁多,主要按材料划分,下面列举几种常见的太阳能电池。

硅基太阳能电池　硅基太阳能电池是发展很成熟的太阳能电池,在应用中占主导地位,是在可以大规模使用的太阳能电池中效率较高的。太阳能电池可分为单晶硅太阳能电池、多晶硅薄膜太阳能电池和非晶硅薄膜太阳能电池。单晶硅太阳能电池转换效率较高,技术成熟,在大规模应用和工业生产中占主导地位,但其成本较高,且价格难以大幅降低,所以寻求以多晶硅薄膜太阳能电池或非晶硅薄膜太阳能电池作为替代品。多晶硅薄膜太阳能电池成本低,转换效率高于非晶硅薄膜太阳能电池的转换效率,有望在太阳能电池市场中占据主导地位。非晶硅薄膜太阳能电池成本低、质量轻,转换效率较高,便于大规模生产。受光电转换效率衰退的影响,稳定性较差,但还有一定的研究应用潜力,有望成为合格替代品之一。

多元化合物薄膜太阳能电池　硫化镉和碲化镉多晶薄膜太阳能电池的转换效率高于非晶硅薄膜太阳能电池的转换效率,成本低于单晶硅太阳能电池,并且也易于大规模生产,但由于镉有剧毒,会对环境造成严重的污染,因此,并不是单晶硅太阳能电池最理想的替代品。

砷化镓太阳能电池的转换效率可达28%,这种材料具有十分理想的光学带隙和较高的吸收效率,抗辐射能力强,对热不敏感,适合于制作高效单结太阳能电池。但是砷化镓材料价格昂贵,这是限制砷化镓太阳能电池普及的主要因素之一。

铜铟硒薄膜太阳能电池适合光—电转换,不存在光致衰退问题,转换效率和多晶硅薄膜太阳能电池的转换效率一样。具有价格低廉、性能良好和工艺简单等优点,将成为太阳能电池发展的一个重要方向。但由于铟和硒都是稀有元素,因此,这类电池的发展必然受限。

聚合物多层修饰电极型太阳能电池　利用不同氧化还原型聚合物的氧化还原电势差,在电极表面进行多层修饰(复合),制成类似无机P-N结的单向导电装置。将两个修饰相反的电极放入含有光敏化剂的电解质溶液

包罗万象的功能材料

中，太阳光照射使得光敏化剂吸光后产生的电子转移到还原电位较低的电极上，电极上积累的电子不能向外层聚合物转移，只能通过外电路回到电解质溶液中，这样外电路中就会产生光电流。

以有机聚合物替代无机材料是刚刚开始的一个太阳能电池制作的研究方向。由于有机材料具有柔性好、制作容易、材料来源广泛、成本低等优势，因此对大规模利用太阳能，提供廉价电能具有重要意义。但以有机材料制作太阳能电池的研究才刚刚开始，无论是使用寿命，还是电池转换效率都不能和无机材料特别是硅电池相比。能否发展成为具有实用意义的产品，还有待于进一步研究和探索。

纳米晶化学太阳能电池　　纳米晶化学太阳能电池是指将一种在窄禁带半导体材料修饰、组装到另一种宽禁带半导体材料上制成的电池。窄禁带半导体材料通常采用过渡金属铷（Ru）、锇（Os）等有机化合物敏化染料，宽禁带半导体材料采用纳米晶二氧化钛（TiO_2），并将其制成电极；此外，为了组成电池还必须选择适当的氧化-还原电解质。敏化染料吸收太阳光能，能激发电子跃迁到激发态，由于激发态不稳定，电子会快速注入紧邻的二氧化钛导带，最终进入导电膜，这样外电路中就会产生光电流,染料中失去的电子则很快从电解质中得到补偿。纳米晶二氧化钛太阳能电池的优点是成本低、工艺简单和性能稳定。其光电转换效率稳定在 10％以上,制作成本仅为硅太阳能电池制作成本的 1/10～1/5。寿命能达到 20 年以上。

中国政府对太阳能产业的大力鼓励和支持,以及近年来太阳能电池产量的快速增长,都表明了该产业在国内的发展势头强劲。中国政府制定了一系列鼓励和支持太阳能发展的政策。例如,通过实施《中华人民共和国可再生能源法》和设立可再生能源发展基金,为太阳能发电提供了法律保障和经济支持。此外,中国政府还出台了一系列补贴政策,如上网电价补贴、税收优惠、金融贴息等,以降低太阳能开发成本,提高其市场竞争力。

随着全球对可再生能源需求的不断增长,太阳能光伏发电作为其中的重要组成部分,其发展前景非常广阔。

许多国家在太阳能发电领域展现出了积极的态势。早在 1983 年,美国就在加利福尼亚州建立了世界上最大的太阳能电厂,这显示了美国在可再生能源技术方面的领先地位。同时,南非、博茨瓦纳共和国、纳米比亚共和国和非洲南部的一些其他国家也设立了专案,鼓励偏远

的乡村地区安装低成本的太阳能电池发电系统。这不仅有助于提升这些地区的能源供应的稳定性，也有助于减少对传统能源的依赖，从而实现可持续发展的目标。

日本在推行太阳能光伏发电方面表现得非常积极。1996 年到 1997 年，安装太阳能光伏发电系统的用户从约2 600 户增加到了约 9 400 户，这不仅体现了日本民众对环保意识的提升，也反映了政府补助金制度的有效执行。

综上所述，随着全球环保意识的提升和可再生能源需求的不断增长，越来越多的国家开始重视并大力推广太阳能发电技术。据预测，到 2030 年，可再生能源在总能源结构中的占比将达到 30% 以上，而太阳能光伏发电在世界总电力供应中的占比将达到 10% 以上。这一趋势预示着太阳能光伏产业将在未来几十年内持续发展，并逐渐成为全球能源供应的主体。

太阳能光伏产业的发展不仅将带动太阳能电池市场的快速增长，也将促进太阳能电池材料的研究和发展。随着技术的创新和成本的降低，太阳能电池的能源利用效率将不断提高，使得太阳能光伏发电更加具有竞争力和可持续性。

太阳能是一种清洁、可再生的能源，其发展前景十分广阔。随着太阳能电池研究的不断深入,太阳能电池材料也在不断革新和升级,这不仅将推动太阳能光伏产业的进一步发展,也将为全球能源结构的转型和可持续发展做出重要贡献。

❖❖❖ 锂离子电池材料

锂离子电池是一种二次电池(蓄电池),也就是可以充电的电池,它主要通过化学反应使锂离子在正极和负极之间移动来工作。随着锂离子的嵌入和脱出,会伴有与锂离子等当量电子的嵌入和脱出,这样就实现锂离子电池的充放电。

锂离子电池经历了不断的发展和演变,这个过程实际上就是电池材料不断发展的过程。

1970年,美国埃克森石油公司的M.S.惠廷厄姆采用硫化钛(正极)和金属锂(负极)制成了首个锂离子电池,这个电池组装起来就会产生电压,不需要充电。现在的锂离子电池普遍以二氧化锰或氯化亚砜(亚硫酰氯,无机化合物)为正极材料,以金属锂为负极材料。直接使用金属锂做电极,危害性比较大,很难在日常生活中普及。因此,锂离子电池仍需不断改进。

包罗万象的功能材料

1982 年，美国伊利诺伊理工学院的 R. R. 阿加瓦尔和 J. R. 塞尔曼发现锂离子可以快速且可逆地嵌入石墨。随即研究人员开始尝试制作充电电池，这可以避免直接使用金属锂制作电极。

1983 年，M. 撒克里、J. B. 古迪纳夫等发现锰尖晶石是一种很好的正极材料，其价格低廉，性能稳定，且具有较好的导电性和导锂性。锰尖晶石的发现提高了锂离子电池的安全性，尤其在短路和过充电情况下表现优异，避免了燃烧和爆炸的风险。

1992 年，日本索尼公司发明了一款商用锂离子电池，该电池以钴酸锂（无机化合物）为正极材料，以碳为负极材料，可以避免充放电过程中存在金属锂。由此开始，锂离子电池成为便携电子器件的主要电源。

1996 年，A. 帕迪和 J. B. 古迪纳夫发现了具有橄榄石结构的磷酸盐（典型的是磷酸铁锂），其安全性、耐高温和耐过充电性能远远超过传统锂离子电池材料，此类材料的发现开创了锂离子电池的新时代。

2015 年，日本夏普公司和京都大学的田中功教授合作研发了一种长寿锂离子电池，其使用寿命可达 70 年，充放电次数可达 2.5 万次，并且实际充放电 1 万次后，其性能保持稳定。

2019 年，诺贝尔化学奖被授予了 J. B. 古迪纳夫、M. S. 惠廷厄姆、吉野彰三位科学家，以表彰他们对发明锂离子电池做出的贡献。

锂离子电池是在石油危机的大背景下快速发展的，这不仅促进了绿色环保电池的迅猛崛起，而且实现了一次电池向二次电池的过渡，同时为了满足时代发展需求，锂离子电池不断向更小、更轻、更薄的方向发展。锂离子电池具有较高的比能量，在薄形化方面表现出色，被誉为"21 世纪的电池"，展望未来，其发展前景十分广阔。

锂离子电池的基本结构包括三部分：正极、负极和电解质。正极材料通常选用磷酸铁锂，其充放电反应涉及锂离子的嵌入和脱出。负极材料通常选用石墨，目前，研究较多的负极材料主要有碳基、锡基、含锂过渡金属氮化物、合金基和纳米氧化物基。电解质通常选用锂盐和有机溶剂，但有机溶剂可能导致安全性问题。

根据所用电解质材料的不同，锂离子电池可分为液态锂离子电池、凝聚态锂离子电池和聚合物锂离子电池。

包罗万象的功能材料

液态锂离子电池是目前应用最广泛的可充电电池之一，主要应用于智能手机、笔记本电脑等数码产品。2023 年 4 月，宁德时代发布了凝聚态锂离子电池，其能量密度高达 500 W·h/kg。凝聚态锂离子电池以固态或凝聚态物质为电解质，具有较高的离子传导率和化学稳定性，凝聚态锂离子电池还具有能量密度高、功率密度高、寿命长、安全性好等优点，目前在新能源汽车、家电、航空航天、5G 基站、智能穿戴设备等领域得到了广泛的应用。聚合物锂离子电池以导电聚合物为正极材料，以碳为负极材料，采用固态或凝胶态有机导电膜，外包装使用铝塑膜，被认为是液态锂离子电池的升级版。

为了开发出性能更优异的锂离子电池，研究人员对锂离子电池材料进行了全面的研究。比如目前发现的锂二氧化硫电池和锂亚硫酰氯电池就有很好的性能表现。随着电动汽车、可再生能源和便携式电子产品的不断普及和升级，对高性能、高能量密度的电池需求持续增长。研究人员对新型锂离子电池开展了深入研究，以追求更稳定的性能、更长的循环寿命及更高的储能密度。这些性能的提升必然要求正极材料、负极材料及电解质材料不断地更新，因此对锂离子电池材料的研发任务还十分艰巨，但是前景广阔。

❖❖燃料电池材料

燃料电池主要由负极(燃料电极)和正极(氧化剂电极)及电解质组成,比较特殊的是,燃料电池的正极和负极不包含活性物质,而是催化转换元件。工作时,通过外部供给燃料和氧化剂进行反应。这是一种将燃料本身所含有的化学能直接转换成电能的化学装置,称为电化学发电器。属于水力发电、热能发电和原子能发电之外的第四种发电技术。比如常见的氢氧燃料电池,利用电解水的逆过程通过电极反应生成电流。将电池组件多层叠加可以形成高电压堆,实现高产出。

燃料电池的电极被设计成多孔结构,以增大气体参与反应的表面积,电解质隔膜不仅可以传导离子,还具备分隔氧化剂与还原剂的功能,厚度在厘米至分米数量级,常用的材料有石棉膜、碳化硅膜、全氟磺酸树脂和钇稳定氧化锆(YSZ)等。燃料电池还有一个重要的构件是集电器,它作为双极板,负责收集电流、分隔氧化剂与还原剂,为实现预期的功能要有针对性地进行材料特性和流场设计。燃料电池的优点包括发电效率高、环境友好、比能量高、辐射低、燃料适应性广和可靠性高,且易于建设和维护。

燃料电池根据其电解质的性质不同，大致可分为碱性燃料电池（AFC）、磷酸燃料电池（PAFC）、熔融碳酸盐燃料电池（MCFC）、固体氧化物燃料电池（SOFC）、质子交换膜燃料电池（PEMFC）5 类。

碱性燃料电池　碱性燃料电池属于第一代燃料电池，20 世纪 60 年代，碱性燃料电池已成功应用于航空航天领域，是较早得到实际应用的一种燃料电池。这种电池以水溶液或稳定的氢氧化钾基质为电解质，其电化学反应与羟基（—OH）从阴极移动到阳极，与氢反应生成水和电子比较相似，但其实电子是先为外电路提供能量，然后再回到阴极与氧和水反应生成更多的羟基离子。碱性燃料电池的工作温度约为 80 ℃，启动很快，但其电力密度较低，不适合在汽车中使用。碱性燃料电池在非航空航天领域的应用前景并不好，因为它在地球陆地环境中工作会被空气中的二氧化碳毒化，导致使用寿命比较短，所以大部分相关的研究已经在 20 世纪 80 年代就终止了。

磷酸燃料电池　磷酸燃料电池属于第二代燃料电池，其制备的工艺流程已经基本成熟，美国和日本已分别建成 4 500 kW 和 11 000 kW 的商用电站。磷酸燃料电池以磷酸为电解质，以碳材料为骨架的铂系列材料为催化剂,以氢气、甲醇、天然气、煤气等为燃料,以空气为氧化剂。磷酸燃料电池的工作温度约为200 ℃,磷酸燃料电池与碱性燃料电池相比,最大的优点是它不需要二氧化碳处理设备,磷酸燃料电池是目前发展最快、最成熟的燃料电池之一。虽然磷酸燃料电池的效率相对较低,但是其构造简单稳定,电解质挥发度低,不仅可以为公共汽车提供动力,还可以为医院、学校和小型电站提供动力。

熔融碳酸盐燃料电池　熔融碳酸盐燃料电池属于第二代燃料电池,从20世纪80年代开始,熔融碳酸盐燃料电池已经成为兆瓦级商品化燃料电池电站的主要研制目标。熔融碳酸盐燃料电池主要由多孔陶瓷阴极、多孔陶瓷电解质隔膜、多孔金属阳极和金属极板组成,其特点是电解质处于熔融状态,主要由碳酸盐构成。熔融碳酸盐燃料电池的主要优势在于能在高温环境中工作,这有助于加快电化学反应速率,并降低对燃料纯度的严格要求,使得燃料可以在电池内部进行重整。此外,由于不使用贵金属催化剂,其制造成本相对较低,同时采用液体电解质也便于操作和维护。熔融碳酸盐燃料电池在构建高效且环境友好的分散电站领域展现出了显著的优势,其发电规模可以灵活调整,覆盖范围为50～10 000 kW。以天然气、煤气和碳氢化合物为燃料,熔融碳酸盐燃料电池能

够减少超过 40％的二氧化碳排放,同时实现热电联供或联合循环发电,显著提高了燃料的利用效率。

固体氧化物燃料电池 固体氧化物燃料电池属于第三代燃料电池,是一种全固态高温燃料电池,以致密的固体氧化物为电解质,工作温度为 $800 \sim 1\,000\ ℃$。固体氧化物燃料电池通常由阳极、阴极和固体氧化物电解质组成。其中阴极和阳极通常选用钇稳定氧化锆陶瓷材料,而固体氧化物电解质通常选用氧离子导体,这些材料需要在高温环境中才能形成固体。高温操作可以缩小反应器体积并降低燃烧或爆炸风险。新一代固体氧化物燃料电池采用薄膜化制造技术,如陶瓷膜燃料电池,具有更高的输出功率和电效率。固体氧化物燃料电池在分布式电站、备用电源及移动式电源等领域得到了广泛应用,尤其适用于汽车、船舶、航空航天等特殊用途发电系统。

质子交换膜燃料电池 质子交换膜燃料电池属于第四代燃料电池,可以作为电动汽车的潜在电力能源。

质子交换膜燃料电池的工作原理是基于质子交换膜的选择性和渗透性,将氢气和氧气转换成电能和水,其单体电池的电化学电动势约为 1 V,电流密度约为 $100\ mA/cm^2$。为了满足实际用电需求,这些单体电池要经过串联和并联的组合，形成具有相当功率的电池组。此外，为了确保系统的连续性和稳定性，还需要配备氢燃料储存、空气（氧化剂）供给、电池组温度和湿度调节、功率变换及系统控制等多个关键单元。这样，质子交换膜燃料电池才能作为一个完整的、高效的供电系统，为电动汽车提供动力。

根据燃料反应过程的不同，燃料电池可划分为直接燃料电池、再生燃料电池和非直接燃料电池。目前最受关注的是氢燃料电池，其在航天领域已得到了成功应用，如美国"阿波罗"号宇宙飞船上使用的就是氢燃料电池。20 世纪 70 年代，随着制氢技术的不断进步，氢燃料电池在发电、电动汽车和微型电池等领域均取得了显著突破。在全球范围内，各国都在积极推动氢燃料电池的研发和应用。例如，德国已经推出了多款燃氢汽车，而冰岛更是雄心勃勃地计划成为"氢经济"国家。我国已在广东省汕头市南澳岛成功建立了电动汽车试验示范区，但相较于一些发达国家，我国的整体研发水平仍有待提升。

尽管如此，氢燃料电池的大规模工业化应用仍面临诸多挑战。氢气制备方式的多样性是其中的一个重要因素。虽然电解水制氢是一种清洁的制备方式，但是其能源消耗较大。生物制氢方法目前尚不成熟，难以大规模

包罗万象的功能材料

应用。主流的大规模制氢方式，如通过煤、石油、天然气加热制氢，虽然技术较成熟，但是与发展清洁能源的初衷相悖。

在这一背景下，甲醇蒸气转化制氢技术、金属氢化物储氢技术、吸附储氢技术等新兴技术逐渐成为研究的热点。这些技术有望为氢燃料电池的发展提供新的解决方案，推动其在大规模工业化应用方面取得更大突破。随着这些技术的不断成熟和完善，氢燃料电池有望在发电、电动汽车和微型电池等领域发挥更大的作用，为全球能源的转型和可持续发展做出重要贡献。

➡➡能量之谜：压电与热电的电能转换之旅

在我们的生活中，你是否曾思考过厨房中的燃气灶为何扭转手柄能打出火花？打火机为什么需要按压一下才能点火呢？此外，你是否曾想过，昼夜温差或者我们身体产生的热量是否能够转换成能量，用来为电子设备充电呢？这似乎是一个不可思议的想法。但这些现象背后涉及一些令人惊奇的材料科学。压电材料和热电材料，或许就是我们生活中潜在有趣的能量转换秘密。接下来，让我们一起深入了解这些材料的工作原理和在现实生活中的应用。

✣✣ 压电材料

"压电"一词源自希腊语"piezein",意为挤压或按压。压电材料是一种受到压力作用时会在两端面间出现电压的晶体材料。压电材料通常是具有对称结构的晶体,其中原子或分子排列有一定的规律。当晶体受到外部压力或形变时,晶体结构会发生微小的变化,这可能是原子的位置或者晶格结构发生了略微变化。这个微小的结构变化导致了正、负电荷的不平衡。通常,晶体的分子中正、负电荷的中心会发生位移,产生一个电偶极子。由于电偶极子的产生,材料的两端出现了正电荷和负电荷的分布。随后,当压电材料恢复到原始状态时,电荷分布也会回到平衡,形成一个周期性的电荷变化。这一周期性的电荷变化在材料中产生电势差,即电压。当电压在材料中传播时,就形成了电流。这就是压电效应,即通过机械应力引起了电荷的分离。

压电材料的发展历程可以追溯到 19 世纪,这一时期标志着压电效应的初次发现和深入研究。1880 年,皮埃尔·居里和他的哥哥雅克·居里首次观察到压电效应,他们发现某些晶体在受到压力时会产生电荷分离的现象。这一发现开启了压电材料新的研究领域,为后来的科学家和工程师提供了丰富的探索空间。

包罗万象的功能材料

在接下来的几十年里,压电材料的研究逐渐深入,科学家开始关注不同类型的压电效应。20世纪初,铅酸锌晶体的压电性能被发现,为压电陶瓷的发展奠定了基础。20世纪40年代,科学家发现了更具实用价值的钛酸钡压电陶瓷,其良好的压电性能使其成为压电技术发展的主要推动力之一。

20世纪中期,随着材料科学的发展和对压电效应机理的深入研究,研究人员开始探索新型压电材料,包括聚合物材料、复合材料等。这一时期,对压电材料性能的系统研究和优化推动了压电技术的迅速发展。20世纪70年代,聚合物电极材料、压电单晶体材料等新材料的出现进一步扩展了压电材料的应用领域。

随着电子技术和通信技术的快速发展,压电材料在传感器、超声波技术、无线通信等领域得到了广泛应用,促使研究人员对压电材料开展了更加深入的研究。目前常用的压电材料有压电陶瓷、压电单晶体、压电聚合物和压电复合材料,下面将具体介绍这些压电材料。

压电陶瓷　压电陶瓷泛指压电多晶体,又称铁电陶瓷。压电陶瓷是指用必要成分原料粉体的固相反应和烧结过程而获得的微小晶粒无规则集合而成的多晶体。这类陶瓷由于晶粒中的铁电畴在人工极化条件下极化强度发生改变,从而具有宏观压电性。铅酸锌压电陶瓷和钛酸钡压电陶瓷是典型的压电陶瓷。此外锆钛酸铅、改性锆钛酸铅、偏铌酸铅、铌酸铅钡锂、改性钛酸铅等也相继研制成功并应用,钛酸铅系压电陶瓷的开发和应用一直是研究人员关注的课题。压电陶瓷具有优异的压电性能和高介电常数,且能够灵活加工成多种形状。然而,压电陶瓷的机械品质因子相对较低,电损耗较大,稳定性不够理想。因此,压电陶瓷更适用于大功率换能器和宽带滤波器等领域,不适用于高频和高稳定的应用。

传统压电陶瓷的粗大晶粒尺寸已不能满足需求,为此,科研人员开发出了亚微米级粒径的细晶粒压电陶瓷,并且改良了掺杂工艺,使细晶粒压电陶瓷的压电效应具备与传统压电陶瓷的压电效应相当的水平,且成本相差无几,更具竞争力。随着纳米技术的发展,细晶粒压电陶瓷材料仍然是未来研究的热点。

压电单晶体 压电单晶体是指按晶体空间点阵长程有序生长而成的晶体。这种晶体结构无对称中心,因此具有压电性。典型的单晶体材料有水晶(石英晶体)、镓酸锂、锗酸锂、锗酸钛、钽酸锂等。压电单晶体稳定性高,机械品质因子高,适用于频率控制应用,但尺寸有限,压

包罗万象的功能材料

电性弱。压电单晶体适用于高频应用，如高频谐振器，并在振动能量转换效果方面表现出色。铌镁酸铅单晶体性能特异，但由于其居里点太低，离普遍使用尚有一段距离。

近年来，随着科技的不断进步和人们对材料性能需求的提高，研究人员已发现并研制了多元压电单晶体，其压电效应和储能密度已远远超过了压电陶瓷的压电效应和储能密度，目前在国内外开展了大量关于这类材料的研究。

压电聚合物　压电聚合物是一类具有压电效应的聚合物，其具体种类包括聚偏氟乙烯及其共聚物、聚醚酮、聚醚醚酮酯、聚丙烯酸酯等。这些材料因其柔韧性好、轻质、可塑性强、制造成本低等优点而备受关注。但其压电性能相对较低，稳定性较差，在一定程度上限制了压电聚合物在特定环境中的应用。

近年来，对压电聚合物的研究不断深入，科学家通过材料设计、结构优化等方式致力于提升其压电性能和稳定性。为了满足不同应用领域的需求，不断涌现出新型压电聚合物复合材料，进一步拓展了其应用范围。压电聚合物在柔性电子学、生物医学工程、人机交互等领域的发展前景备受期待,尤其是在智能穿戴设备、柔性传感器、智能皮肤等方面展现出了巨大的潜力。虽然面临一些挑战,但随着材料科学和工程技术的不断进步,压电聚合物有望在未来取得更大的突破,为新型电子器件和医疗器械的设计提供更灵活的选择。

压电复合材料　压电复合材料是一类将压电材料与其他功能性材料组合而成的材料,通过这种组合可以赋予材料多种性能,压电复合材料具有多功能性、设计灵活性等特点。压电复合材料的研究正处于蓬勃发展阶段。科学家通过调控材料的组合比例、结构设计等方式,不断改进其性能和应用范围。压电复合材料的应用范围已迅速拓展到能源收集、柔性传感器、智能材料等领域。随着材料科学和工程技术的不断创新,压电复合材料将会在更多的领域得到应用,为人类社会的发展做出更大的贡献。

压电材料在许多领域中得到了广泛应用,为许多现代科技和工程领域的发展提供了重要支持。以下是压电材料的应用实例。

超声波成像　压电材料在超声波成像中发挥着关键作用。压电晶体,如铅酸锌压电陶瓷,被广泛应用于超声

波传感器和超声波换能器。当超声波传入铅酸锌晶体时，会产生机械振动，而这种振动可以转换成电信号。这个原理被用于医学领域中的超声波成像，可以为医生提供身体内部结构的高分辨率图像。

压电传感器　压电材料在传感技术中也发挥着关键作用。压电传感器可以将机械振动、压力或应变转换成电信号，用于测量和监测多种物理量。在汽车工业中，压电传感器可用于检测引擎振动、轮胎压力等，提高汽车性能和安全性。此外，压电传感器还用于结构健康监测、地震监测等领域。

振动能量收集　压电材料的振动能量收集技术为无线传感器和自供电系统提供了可行的能源解决方案。通过将压电发电机置于机械振动环境中，机械振动能够转换成电能，为传感器或其他电子设备提供自给自足的电源。这在一些偏远地区或难以更换电池的环境中具有重要意义。

电子鼓和触摸屏技术　压电材料在电子鼓和触摸屏技术中也有广泛应用。电子鼓的感应面采用压电传感技术，通过感知击打产生的振动转换成电信号，实现电子鼓的演奏效果。触摸屏中的压电感应技术，能够实现对触摸位置的高精度检测,为现代智能设备提供了便捷的操作方式。

能源收集与转换　压电材料在能源领域中的应用也备受瞩目。通过利用压电效应,将机械振动或压力转换成电能,压电发电机被用于激发传感器、智能结构和无线传感器网络,为电子设备提供可持续的能量来源。这种技术在自给自足系统和智能穿戴设备中有着广泛的应用前景。

压电材料的应用领域涵盖了医疗、汽车、能源、电子音乐器材等,为许多行业带来了创新和便利。随着对压电材料性能和制备技术的深入研究,相信压电材料的应用领域将继续拓展,为科技的进步和人类生活的改善做出更多贡献。

❖❖❖热电材料

热电材料是一类具有热电效应的特殊材料,它们能够将热能转换成电能,或者通过施加电场产生温差。这一独特的能量转换原理基于热电效应,热电效应主要有两种:塞贝克效应和珀耳帖效应。

当一段导电材料处于温度梯度之中,也就是一侧温度高一侧温度低时,电子在材料中开始发生漂移运动。

包罗万象的功能材料

这是因为热能激发了材料中的自由电子,使它们流动形成电流,这个现象就是塞贝克效应,它引起了在温度梯度下的电势差,从而产生了电压。这种电势差与材料的塞贝克系数密切相关,塞贝克系数越大,材料的热电转换效率越高。

珀耳帖效应是塞贝克效应的逆过程。当电流通过两个不同材料的接触点时,会有热量的吸收或释放。如果电流方向与塞贝克效应中产生的电势差相反,就会发生珀耳帖效应。这意味着电流通过时,热能在两个材料之间被转移,导致一个材料升温,而另一个材料降温。这种效应被广泛应用于热电冷却器和热电发电装置。

热电材料通过温差和电流的相互作用,实现了从热能到电能的高效转换。热电材料在能源收集、温差电池、热电冷却等领域有着重要的应用,为可持续能源和高效能量的利用提供了新的可能性。

20世纪初,英国物理学家 O. W. 里查孙在研究中发现,铋锑合金表现出优异的热电性能。这一发现引发了广泛关注,并促使研究人员对合金及其优异的热电性能进行深入研究。

20世纪中期,研究人员开始关注含有重元素的化合物,如铅锡合金、铟锑合金等。这些化合物具有较高的塞贝克系数,提高了材料的热电性能。然而,这些材料的导电性较差,在一定程度上限制了它们的实际应用。

进入21世纪,科学家通过合理的材料设计、调控材料的晶体结构和引入纳米技术等方式,成功发现了一系列高性能热电材料。这些材料包括硫化铟铋、硫化镉镓、钙钛矿结构等,它们在塞贝克系数、电导率和热导率等方面取得了平衡,大大提高了热电转换效率。

近年来,研究人员开始关注多尺度和多功能的热电材料,包括纳米结构材料、量子点材料、拓扑绝缘体材料等。这些材料利用多尺度结构和多功能性质,进一步提高了热电性能,同时探索了更广泛的应用领域,如柔性电子学和智能穿戴设备。

热电材料根据其热电性能和应用领域的不同,可以分为多个类别。下面将介绍一些典型的热电材料及其应用。

碲化物类热电材料 碲化铅(PbTe)是典型的IV-VI族热电材料,碲化锡(SnTe)与碲化铅类似,碲化锡在中、高温环境中表现良好。碲化物类热电材料具有较高的热电性能,其优异的电导率和相对较低的热导率使其成为

理想的热电转换材料，这使得碲化物类热电材料在能量转换和节能领域中具有广泛的应用潜力。然而，碲化物类热电材料面临的主要挑战是其稀有和昂贵的元素成分，如碲元素的高成本限制了大规模生产和商业应用。此外，有些碲化物类热电材料在高温环境中面临稳定性差和耐久性差的问题，这限制了其在一些特殊应用中的使用。

研究人员通过改进合成技术、优化结构设计及引入替代元素等方式，提高碲化物类热电材料的性能和降低制备成本。同时，对于碲化物类热电材料的长期稳定性和大规模生产技术的研究也在不断深入。这些举措旨在推动碲化物类热电材料在能源转换和热电器件等领域的广泛应用，为可持续能源和高效能量转换提供创新的解决方案。

钙钛矿结构热电材料　钙钛矿结构热电材料是近年来备受关注的研究热点之一，这类材料通常表现出较好的电子传导性能和独特的热电性能，使其在高温热电转换应用中展现出潜在的优越性。其结构特性也为材料性能的调控提供了丰富的可能性，有助于实现更高效的热电转换。钙钛矿结构热电材料，如钛酸锶（$SrTiO_3$）和钛酸钡（BaTiO₃），就表现出了较好的电子结构可调控性。然而，钙钛矿结构热电材料面临的主要挑战是其相对较高的热导率，这可能限制了其在一些应用中的效能。此外，有些钙钛矿结构热电材料在高温环境中可能面临稳定性差和使用寿命短的问题，这对于长期运行的热电器件而言是一个重要的考虑因素。

研究人员正在积极探索新的合成技术和材料设计理念，并通过调控材料的晶体结构、改善电荷输运性能，以及探索新型的结构和化学成分，提高钙钛矿结构热电材料的性能，特别是通过改进其热导率，以更好地满足实际应用的需求。

硫族化合物类热电材料　硫化铅（PbS）是一种典型的硫族化合物类热电材料，具有与硒化铅、碲化铅热电材料相似的能带结构和晶体结构，常用纳米结构和声子工程来进一步提高其热电性能。硫族化合物类热电材料在电荷输运性能和热电性能方面表现出较好的综合特性，使其成为潜在的高性能热电材料。其丰富的元素来源和相对较低的成本也为大规模生产提供了潜在的优势，符合可持续能源应用的要求。然而，热导率相对较高是硫族化合物类热电材料面临的主要问题之一，这在一定程度上限制了其在高效能热电转换中的应用。此外，有些

硫族化合物类热电材料对湿气敏感，这对于一些特定应用场景的稳定性提出了一定要求。

研究人员正在积极探索新型硫族化合物类热电材料，并通过调控材料的晶体结构、优化电荷输运路径等方式来提高硫族化合物类热电材料的热电性能。同时，科学家通过引入新的合成技术、探索多组分复合材料等途径，试图克服硫族化合物类热电材料的局限性，以满足不同应用领域对于高性能、高稳定性和可制备性的需求。

有机半导体热电材料　聚合物半导体是一种典型的有机半导体热电材料，如聚苯胺，虽然其热电性能相对较低，但由于其轻质、柔韧性好和可溶性强等特性，在柔性电子学领域中得到了广泛应用，如柔性温度传感器、智能穿戴设备等。有机半导体热电材料的成本较低且易于合成，也为大规模生产和商业应用提供了潜在的优势。然而，有机半导体热电材料的电导率和热导率相对较低，这对实现高效能的热电转换提出了一定的要求。此外，有机半导体热电材料的稳定性和耐久性相对较差，这对于长期运行的热电器件而言是一个重要的考虑因素。

目前，研究人员正在积极探索新型有机半导体热电材料，并通过改进合成技术、优化结构设计等方式，提高有机半导体热电材料的电荷传导性能和热电性能。同时，科学家通过研究新型有机半导体热电材料，如共轭聚合物和小分子化合物，以及探索新的制备技术，推动了有机半导体热电材料在能源转换和热电器件等领域的应用。

二维热电材料　石墨烯是一种典型的二维热电材料，具有优异的导电性和热导率。二维热电材料的独特结构赋予其优异的电子传导性能，同时在纳米尺度上展现出独特的热电效应。这为二维热电材料在高效能热电转换中的应用提供了新的机遇。此外，二维热电材料因其优异的柔韧性和可调控性而在柔性电子器件领域具有广泛的应用前景。然而，一些二维热电材料在大规模生产和工程应用中的可制备性和稳定性问题尚待解决，有些二维热电材料表现出较低的热导率，这在一定程度上制约了其在高温环境中的热电性能。

研究人员正在积极探索新型二维热电材料，如二维过渡金属硫族化合物、二维碳化物等，并通过结构工程、界面调控等方式，提高二维热电材料的热电性能。同时，科学家通过将二维热电材料与其他材料结合，形成复合结构，也为提高二维热电材料的综合性能提供了一种途径。

透射型热电材料　透射型热电材料在光学透明性和热电性能方面取得了平衡，使其适用于触摸屏、显示屏等透明电子器件的制备。这为透射型热电材料在建筑、电子设备等领域的应用提供了广阔的前景。透射型热电材料的光学透明性还使其成为一种具有美学和设计潜力的材料，为智能玻璃等领域带来了新的可能性。然而，透射型热电材料面临的主要挑战是其在同时保持光学透明性和热电性能方面的平衡问题。提高材料的电导率和热导率，以实现更好的热电性能，常常与维持光学透明性相互矛盾，这是当前研究中亟待解决的问题之一。此外，有些透射型热电材料的稳定性和可制备性也需要进一步研究和优化。

研究人员正在积极探索新型透射型热电材料，并通过优化结构设计、改进合成技术，以及多学科交叉的研究方法，提高透射型热电材料的热电性能。目前，透射型热电材料的研究处于快速发展的阶段，有望为透明电子器件和节能建筑等领域提供更具前瞻性的解决方案。通过不断突破技术瓶颈，透射型热电材料有望成为绿色能源和智能材料领域的重要创新方向。

硅锗合金热电材料　硅锗合金热电材料具有良好的热电性能，其电导率和热导率的平衡使其在中温环境中表现出较好的性能。其丰富的元素来源、相对较低的成本及相对稳定的化学性质，为其在大规模生产和实际应用中提供了可行性。然而，硅锗合金热电材料相对较低的电导率和热导率相比于一些高性能材料而言仍有待提高。此外，在高温环境中，硅锗合金热电材料面临稳定性差和寿命短的问题，这对于一些特定的应用场景提出了一定要求。

目前，研究人员正在通过多种方式提高硅锗合金热电材料的性能。科学家通过调控合金的组分、优化材料的晶体结构、采用纳米结构设计等方法，试图改善硅锗合金热电材料的电荷输运性能和热电性能。同时，科学家通过引入工程技术，如界面工程和纳米尺度结构设计，为提高硅锗合金热电材料的综合性能提供了新的思路。

随着研究的不断深入，热电材料的性能将会进一步提高，必将成为我国新材料研究领域的一个新的热点。全世界正投入大量人力、物力于热电材料的研发上。研发新型热电材料有助于制造新一代更加清洁、更高能效的产品，能够有效地将废弃的热能转换成电能，从而为绿色消费品及工业品的发展铺平道路，推动未来的可持续发展。

➡➡光学奇迹：电光材料与磁光材料的妙用

在现代科技中，我们常常忽略了光的奇妙性质。然而，想象一下，你的手机屏幕在电场的作用下实时调整显示效果，或者你的眼镜能够根据周围环境的磁场变化自动调整色调。这不是科幻电影的情节，而是电光材料和磁光材料所能带来的光学"魔法"。通过引入电场，电光材料可以控制光的性质，而磁光材料则通过磁场控制光的传播方式。电光材料和磁光材料的应用不仅在技术上引领了潮流，而且为我们的日常生活带来了前所未有的可能性。现在，我们将深入研究这两种令人惊叹的材料，揭开它们的光学奥秘。

❖❖电光材料

电光材料是一类在外加电场作用下呈现出电光效应的材料，电光效应是指在外加电场作用下，材料的光学性质发生变化，导致折射率、吸收系数等光学参数发生改变。

电光效应的原理基于光学各向异性，即材料在不同方向上的光学性质不同。在外加电场作用下，材料的晶格结构发生畸变，导致晶体的折射率发生变化。这种变化可以通过电光系数来描述，电光系数与外加电场的强度呈正比例关系。当外加电场施加在电光材料上时,其电子云的偏移和极化效应导致折射率的调制,从而实现对光的调控。

电光材料的发展历程是一个与电磁理论、光电效应和通信技术相互交织的过程,从最初的理论探索到现代高技术应用,展现了科学家不懈的探索精神和对光学与电学相融合的深刻理解。

电光材料的发展历程可以追溯到19世纪末,科学家开始探索电场对光学性质的影响。M. 法拉第于1845年首次观察到一些物质在电场中旋转偏振光的现象,这标志着电场与光学性质之间可能存在关联。然而,在当时,对这种现象的理解仅限于实证和观察。

19世纪末,J. C. 麦克斯韦提出了电磁理论,该理论对电场和磁场的相互关系进行了系统的数学描述。这使得科学家能够更深入理解电场是如何影响光学性质的。然而,在此时期,电光材料的具体应用还未被充分探索。

20世纪初,A. 爱因斯坦提出光电效应理论,认为光子具有粒子性质,并能够引起物质中电子的发射。这一理论不仅为光电子学的发展奠定了基础,同时也为后来电光效应的研究提供了关键的线索。

20世纪中叶,随着技术的进步,科学家对电光材料的研究有了新的进展。他们发现铌酸锂($LiNbO_3$)等电光材料具有显著的电光效应,成为制作电光调制器的关键材料。这一时期也见证了电光技术在光通信和光学传感领域的初步应用。

20世纪末至今,随着光通信技术的飞速发展,电光材料的研究进入了新的阶段。用铌酸锂等电光材料制成的电光调制器广泛应用于光纤通信系统,实现了高速、高带宽的信息传输。此外,新型电光材料的发现和设计,如有机电光材料和二维电光材料,为电光技术的创新提供了新的机遇。

电光材料根据其特性和应用领域的不同,可以细分为多个类别。

晶体电光材料　晶体电光材料通常具有较高的电光系数,使得它们能够在相对较小的电场下实现显著的光学调制,有助于提高调制效率;晶体电光材料的电光响应可覆盖广泛的频率范围,适用于不同波长的光信号调制,使其在光通信中表现出色;晶体结构的稳定性使得晶体电光材料在长时间使用过程中能够保持相对稳定的性能,提高了设备的可靠性。典型的晶体电光材料有铌酸锂和硼酸锂（LiB_3O_5）。

铌酸锂具有良好的电光效应，适用于制作高速率的电光调制器，广泛应用于光通信系统中。其非中心对称结构使得在外加电场作用下能够发生电光效应。

硼酸锂具有相对较高的电光系数，适用于制作高频率的电光调制器，如激光器和光学干涉仪。

有些晶体电光材料具有较高的机械脆性，易受到外力破坏，会对器件的稳定性和耐久性产生影响，有些晶体电光材料的生产和加工成本较高，在一定程度上限制了它们在一些低成本应用中的推广。

有机电光材料　有机电光材料有广泛的光学性质，其具有灵活性高、可调性强、轻质、柔韧性好和成本低等优点，是电光技术中的重要组成部分。典型的有机电光材料有聚合物和有机晶体。

聚合物具有良好的电光效应，其分子结构的调控可以实现更灵活的电光性能。聚苯胺等聚合物在电光器件领域得到了广泛应用，如电光调制器和柔性光电子设备。

有机晶体具有良好的晶体结构，晶体中的分子排列有序，形成规则的晶胞结构。这种有序排列使得有机晶

体具有一定的机械强度和热稳定性，适用于制作高效率的电光调制器。

当前，有机电光材料的研究已经逐步深入。科学家正在努力解决有机电光材料的稳定性问题，通过合成新型的稳定分子结构、设计保护层或采用复合结构等方式来提高其在多种环境中的稳定性。同时，随着技术的进步，研究人员正在努力降低有机电光材料的制备成本，提高其性能，并拓展其在光通信、柔性电子学和光学传感等领域的应用。

硅基电光材料　硅基电光材料在光通信和光电子学领域中发挥着关键作用。其优势在于成熟的制备技术和广泛的应用基础，制备成本低且适合大规模生产。典型的硅基电光材料有硅和硅锗合金。

硅具有优异的电光性能，广泛应用于电光器件领域。硅基电光调制器适用于集成光学系统，通过在硅光波导中引入 P-N 结，可以实现电光调制。

硅锗合金具有优异的电光性能，广泛应用于光通信和光电子学领域。硅锗合金的带隙调控性能，使得其在不同波长的光中能够实现电光调制。

硅基电光材料面临的主要挑战是其调制效应相对较

弱和光学损耗较大。近年来,科学家通过引入非线性效应和改进合成技术等方式来提高硅基电光材料的性能。硅基电光材料在新一代电光器件中崭露头角,包括在量子计算和光量子通信领域的应用。硅基电光材料的不断创新有望进一步推动光电子技术的发展。

二维电光材料 二维电光材料在光电子学中具备独特的特性。其优势在于具有较大的比表面积和可调控的光电性能,尤其是石墨烯等材料在电导率和光学透明性方面表现出色。此外,二维电光材料具有较好的柔韧性和可弯曲性,使其成为柔性电子器件和智能穿戴技术的理想材料。典型的二维电光材料有石墨烯和过渡金属二硫化物。

石墨烯具有较高的电导率和光学透明性,适用于制作快速响应的电光调制器。其层状结构使得其在外加电场作用下能够实现电光调制。

过渡金属二硫化物具有较大的比表面积,广泛应用于电光器件领域。典型的过渡金属二硫化物有二硫化钼(MoS_2),其层状结构使得其在外加电场作用下能够实现电光调制。

二维电光材料也面临着一些挑战,其制备难度较高

和稳定性较差等，科学家正在积极探索新型二维电光材料，并通过多种方式来提高二维电光材料的性能，不断拓展二维电光材料在光电子学领域的应用。

非线性光学电光材料　非线性光学电光材料在光电子学领域中占据着重要的地位。其突出优势在于具有非线性光学效应，在强光场作用下能够实现电光调制。非线性光学电光材料是制备大功率、高速率电光开关、电光调制器的理想材料。典型的非线性光学电光材料有非线性晶体和非线性光学分子。

非线性晶体具有非线性光学效应，在外加电场作用下能够实现电光调制，常用于光学混频和高效的电光调制。

非线性光学分子包括有机分子和染料分子，通过非线性光学效应实现电光调制，广泛应用于光通信和光电子学领域。

非线性光学电光材料也面临着诸多挑战，比如在一些非线性光学电光材料中，需要较高的光功率才能激发非线性光学效应，这可能带来额外的光损耗和热问题。此外，非线性光学电光材料的稳定性差和制备难度高也是需要解决的问题。

科学家正在积极探索新型非线性光学电光材料,并通过优化结构设计和改进合成技术等方式来提高非线性光学电光材料的性能。不断拓展非线性光学电光材料在光电子学领域中的应用,为高效能电光器件的发展带来更多的可能性。

钙钛矿结构电光材料　钙钛矿结构电光材料的优势在于优异的电光调制性能,较高的电光系数使其在光学调制器和光通信中表现出色。钙钛矿结构电光材料,如钛酸锶和钛酸钡,通过调控电场实现光学性质的变化,可用于光学调制和存储。其具有较高的电光系数,适用于高效能的电光器件。然而,有些钙钛矿结构电光材料存在热稳定性差和对湿气敏感等问题,这在实际应用中需要谨慎考虑。科学家正在积极探索新型钙钛矿结构电光材料,并通过优化结构设计和改进合成技术来提高钙钛矿结构电光材料的性能,科学家还积极探索新的制备技术,有望推动钙钛矿结构电光材料在光电子学领域的持续发展,为高效能电光器件的发展带来更多的可能性。

光子晶体电光材料　光子晶体具有周期性结构,在外加电场的作用下实现光学带隙调制,可用于光学调制和传感器。光子晶体结构的调控性质使其在光通信和传感器中得到了广泛应用。

包罗万象的功能材料

光子晶体电光材料的主要优势在于兼具光子晶体和电光效应,能够实现高效的电光调制,为光通信提供新的解决方案。然而,有些光子晶体电光材料的制备相对复杂,需要高精度的制备技术。科学家正在着力解决这一问题,通过改进制备方法和优化结构设计,提高光子晶体电光材料的性能。随着研究的不断深入,光子晶体电光材料有望在光电子学领域得到更广泛的应用,为高效的电光调制和光通信系统的发展贡献力量。

电光材料不仅为电光器件的设计与制造提供了关键性的基础,而且在推动光电子技术的创新和应用方面发挥了不可替代的作用。随着科学技术的不断进步,电光材料的研究与应用将持续推动光学领域的发展,为未来高性能光电子系统的发展带来更多的可能性。

❖❖❖磁光材料

磁光材料是一类在外加磁场作用下呈现出光学效应的材料,其原理基于磁光克尔效应。磁光克尔效应是指当激光或光束穿过磁场中的材料时,光波的极化方向会受到磁场的影响,导致反射光或透射光的极化方向发生微小变化。

磁光克尔效应的基本原理可通过考虑光子与磁性物

质中电子的相互作用来理解。在磁场存在时,材料中的电子会感受到额外的磁场力,导致它们在材料中重新排列。这个重新排列的过程会影响光子与电子的相互作用,从而改变光波的极化状态。这种磁场诱导的极化变化,最终导致了克尔效应。

磁光材料的这一原理为磁光器件的制造提供了基础。例如,在磁光存储技术中,磁光材料的克尔效应可用于读取信息和写入信息。此外,磁光材料在磁光调制器、磁光传感器等光学器件的设计中发挥着关键作用。通过深入理解和探索磁光材料的原理,科学家能够不断拓展其应用领域,进而推动磁光学的发展。

磁光材料的发展历程可以追溯到19世纪末。对磁光效应的研究最早可以追溯到1845年,英国科学家M.法拉第首次发现了磁场对光的影响效应,这一效应后来被称为法拉第效应,这一发现为光学和磁光学的研究奠定了基础。

磁光学研究在20世纪初才逐渐崭露头角。早期对磁光学的研究主要关注的是铁磁性材料,如对铁磁体磁光效应的研究。20世纪中叶,随着技术的发展,人们开始注意到非铁磁性材料中的磁光效应。20世纪60年代,磁

光克尔效应成为关注的焦点。

20 世纪 80 年代，随着磁光技术的进步，磁光材料的研究进入了一个新阶段。科学家不仅深入探讨了传统铁磁体的性质，还开始关注新型磁光材料，如反铁磁体磁光材料、铁电体磁光材料等，这些材料呈现出不同的磁光效应。

近年来，随着纳米技术和材料科学的进步，科学家在磁光材料领域取得了重大突破。纳米结构的引入使得在微观尺度下磁光效应变得更为显著，为磁光器件的微型化和集成提供了新的可能性。磁光材料的应用也逐渐拓展到磁光存储、传感器技术及光通信等领域。

磁光材料根据其性质和应用领域的不同，可以细分为多个类别。

铁磁体磁光材料　铁磁体磁光材料是最早被研究的一类磁光材料。铁磁体在外加磁场的作用下，通过磁光克尔效应表现出明显的光学旋光。常见的铁磁体磁光材料有铁、镍、钴及其合金。铁磁体磁光材料作为磁光学领域的重要组成部分，其显著的优势在于强大的磁光克尔效应，使其在信息存储、光通信等领域发挥了关键作用。然而，铁磁体磁光材料也面临着一些挑战，其热稳定性相对较差,尤其在高温环境中,可能影响其性能表现。此外,在微观尺度下,磁光效应相比其他材料较为微弱。

科学家通过引入新型合金材料和复合材料,尝试改善铁磁体磁光材料的磁光性能,并提高其在高温环境中的稳定性。纳米技术的引入为制备铁磁体磁光材料的纳米结构提供了新的可能性,有望进一步提高磁光效应强度。此外,铁磁体磁光材料的应用领域也在不断扩展,涵盖了磁光存储、传感器、全光开关及量子信息处理等多个领域。

反铁磁体磁光材料 反铁磁体磁光材料具有磁矩排列呈反平行结构,其磁光效应通常比铁磁体磁光材料更为微弱。然而,这类材料在信息存储等领域中有重要的应用。例如,氧化铁是一种常见的反铁磁体磁光材料,广泛应用于磁存储设备中,如磁带、磁头等。反铁磁体磁光材料的主要优势在于对外加磁场的敏感性及其在信息存储等领域的潜在应用。反铁磁体磁光材料通常表现出较弱的磁光克尔效应,但其在微观尺度下的磁性结构使其具有一些特殊的光学性质。然而,反铁磁体磁光材料也面临着一些挑战,其热稳定性相对较差,尤其在高温环境中。科学家正在积极探索新型的反铁磁合金材料和复合材料,试图提高其磁光效应的强度,同时提高其在高温环

境中的稳定性。纳米技术的引入有望进一步提高反铁磁体磁光材料的性能。此外，研究人员还在不断探索反铁磁体磁光材料在新兴领域中的应用，包括量子信息处理、纳米传感器、光学调制器等。

　　铁电体磁光材料　铁电体磁光材料既具有铁磁性质，又具有电介质的特性。这类材料在磁光效应中展现出独特的性能，被广泛应用于光学开关和信息存储器件。典型的铁电体磁光材料有铁电氧化物。铁电体磁光材料的主要优势在于既能够表现出强磁光克尔效应，又具备电介质的特性，为光学调制和信息存储提供了多重选择。这种双重性质使得铁电体磁光材料在全光开关、传感器和量子信息处理等方面具有应用潜力。然而，铁电体磁光材料也面临着一些挑战，其制备过程相对复杂，且在高温和高频环境中，有些铁电体可能存在磁性能变化的问题。此外，在微观尺度下的性能表现仍需要进一步优化。当前，科学家通过合成新型铁电体复合材料和引入纳米技术，试图提高铁电体磁光材料的性能和稳定性。在应用方面，铁电体磁光材料的研究正逐步拓展至新型光学器件和量子计算等前沿领域。

　　磁性半导体磁光材料　磁性半导体磁光材料具有半导体的电学性质，同时表现出磁性。典型的磁性半导体磁光材料有锰硅(MnSi)，其在磁光学中的研究为新型电子器件的开发提供了潜在路径。磁性半导体磁光材料的主要优势在于同时具有半导体的电学性质和磁性的磁光克尔效应，为光电子学和磁光学的交叉应用提供了新的可能性。磁性半导体磁光材料在信息存储、量子计算和自旋电子学等领域展现出了巨大潜力。然而，磁性半导体磁光材料也面临着一些挑战，其制备过程相对复杂，且在一些情况下表现出相对较弱的磁光效应。此外，磁性半导体磁光材料的长时间稳定性及在高温环境中的表现仍需要进行更深入的研究。当前，科学家通过优化合成工艺和探索新型磁性半导体磁光材料，致力于提高其磁光效应的强度和稳定性。磁性半导体磁光材料的应用已经拓展至新型的自旋电子器件、光电转换器件等领域。

磁性金属-非金属复合材料 磁性金属-非金属复合材料通过在金属基体中引入非磁性元素，或在非金属基体中引入磁性元素，实现光学和磁性的耦合。这种复合材料在磁光器件的设计中发挥着重要作用。磁性金属-非金属复合材料充分发挥金属和非金属的独特性质，其主要优势在于通过金属和非金属两种不同的成分，实现了对磁光性质的灵活调控。这种复合结构既可以保留金属的导电性和磁性，又能借助非金属部分的光学性质，为材

包罗万象的功能材料

料在信息存储、电光器件和传感器等方面的应用提供了多样性。然而,磁性金属-非金属复合材料的结构设计和制备工艺相对复杂,且在一些情况下可能存在材料界面的相容性问题。当前,科学家通过精密的合成工艺和新型复合结构设计,致力于提高磁性金属-非金属复合材料的性能。磁性金属-非金属复合材料的应用已经拓展至新型传感器、量子通信和光电转换器件等领域。

磁光材料的制备过程是一项复杂而多层次的工程,涉及多个方面的研究和技术。合金合成是常见的制备方法之一,通过采用熔融法、溶液法或气相法等,将具有不同磁性和光学性质的金属元素或合金混合,形成磁光材料的基础组成部分。溶液法包括溶胶-凝胶法、溶液旋涂法等。这种方法适用于大面积的材料涂覆,可用于制备磁光薄膜和光调制膜。纳米技术在磁光材料的制备中发挥着关键作用。通过溶胶-凝胶法、物理气相沉积法或电化学沉积法等纳米技术,可以制备出具有纳米结构的磁光材料,提高材料的比表面积和光学性能。

结构调控是另一个重要的制备策略,通过合理的结构设计和控制,研究人员可以调控材料的晶体结构、晶格畸变和晶体缺陷等参数,以实现对磁光效应的调控。这包括晶体生长方法、掺杂技术和结构工程等方面的研究。常见的晶体生长方法包括磁控溅射法、分子束外延法等。这些方法可用于制备具有特定晶体结构和磁性性质的磁光材料。同时，采用多组分复合材料设计，将不同种类的材料有机地结合在一起，形成具有优异性能的磁光材料。

生长技术是一种常见的制备途径，通过分子束外延法、化学气相沉积法、溶液生长法等方法，科学家可以精确控制材料的晶体生长过程，进而调控其磁光性能。化学气相沉积法可以在基底上沉积铁磁性薄膜、反铁磁性薄膜等。在制备完成后，后处理和功能化工作变得至关重要。通过表面修饰、掺杂或化学反应等方式，对已合成的材料进行后处理和功能化，调整其表面性质，提高材料的性能。

总体而言，磁光材料的研究和应用在当代科学技术中占据着重要地位。磁光材料是目前世界高科技领域最具吸引力的一种新型功能材料，是高新科技不可或缺的一种新材料，各个科技强国都在这一领域展开了激烈的竞争。中国在这一领域起步较晚，主要由北京科技大学主导这方面的研究工作。通过深入了解磁光效应的基本原理、常见磁光材料的分类和特性，以及制备方法和应用领域，我们可以更好地理解磁光材料的潜力和未来的发

包罗万象的功能材料

展方向。在信息时代的大背景下,磁光材料的不断创新将为科技发展和社会进步带来更多可能性。

▶▶生命触点:生物医用材料的医学使命

生物医用材料作为一个特殊的领域,在科技与生命的交界处绽放光芒。生物医用材料是一种被精心设计的材质,旨在深入人体的奥秘,与生物体进行互动。生物医用材料因为涵盖范围比较广,有一些功能与结构材料相重叠,只不过是应用于生物体的结构材料,或者应用于生物医学环境的结构材料,所以有一种观点认为生物医用材料不能直接归属于功能材料,它更多强调的是适用范围为生物医学领域。但是相较于金属材料、材料加工、冶金工程等传统专业,生物医用材料专业还是隶属于功能材料专业更合适。

➡➡生物医用材料的发展

生物医用材料的发展经历了几个重要阶段。第一代生物医用材料主要是天然的,如棉花纤维和马鬃,用于简单的伤口缝合。随着时间的推移,人们开始使用金属、橡胶等更先进的材料来制作假牙、假肢等。20世纪初,高分子材料的出现为人工器官的研究提供了更多的可能性。

早期的生物医用材料大多只关注力学性能和生化稳定性,忽略了生物相容性和生物活性。因此,这些材料往往无法长期替代生物组织的功能,逐渐被现代医学所淘汰。

随着医学、材料科学、生物化学等学科的交叉融合,注重生物相容性和生物活性的第二代生物医用材料应运而生。例如,羟基磷灰石、磷酸三钙等材料具有良好的生物相容性和骨传导性,被广泛用于骨缺损的修复。然而,第二代生物医用材料仍然无法完全模拟生物组织的复杂结构和功能。因此,人们开始探索第三代生物医用材料,即具有促进人体自修复和再生作用的生物医学复合材料。

第三代生物医用材料以对人体内各种细胞组织、生长因子等结构和性能的了解为基础,通过不同材料之间的复合、材料与活细胞的融合等手段,赋予材料特异的靶向修复、治疗和促进作用。例如,骨形态发生蛋白材料能够诱导骨组织的再生,为骨折等疾病的治疗提供了新的手段。

尽管生物医用材料在医疗领域的应用已经取得了显著的进展,但由于生命现象的复杂性和精确调控能力的要求,目前的生物医用材料仍然与人们的期望和要求相

差甚远。未来,随着生命科学和材料科学的不断发展,生物医用材料将会在医疗领域发挥更加重要的作用,为人类的健康和生活质量做出更大的贡献。

➡➡生物医用材料的分类

生物医用材料是功能材料中一个比较特殊的分支,它有很多种分类方式。按材料在使用环境中的生物化学反应水平,可以分为以下 4 类。

生物惰性材料　在生物环境中保持稳定,不会引起明显的生物组织反应。如不锈钢和钛等金属用于制作牙科植入物和关节置换术中的部件。

生物活性材料　能与生物组织形成化学键合,并与生物组织形成牢固的结合。如生物活性玻璃和陶瓷可以与骨组织结合,用于骨缺损的修复。

生物降解材料　在生物体内能够被逐渐分解和吸收,通常用于临时性的医疗装置,如缝合线和药物递送系统。

生物相容性材料　植入体内后不会引起明显的排斥反应,常用于制作长期植入的医疗设备,如心脏瓣膜和人工关节。

生物医用材料按用途可以分为以下 4 类。

诊断材料　用于体内成像和疾病诊断，如造影剂和生物传感器。

治疗材料　用于直接治疗疾病，如药物载体、基因载体和细胞疗法。

修复材料　用于替换或修复受损的组织或器官，如牙科植入物、人工心脏瓣膜和人工关节。

替换材料　用于完全替换失去功能的组织或器官，如人工心脏和人工肾脏。

生物医用材料按材料的组成和性质可以分为 5 类。这种分类的重要意义在于有助于我们深入了解材料的来源、结构和性能特点。

生物医用金属材料　生物医用金属材料是一类惰性材料。该类材料具有高机械强度和抗疲劳性能，广泛应用于承力植入物。已用于临床的生物医用金属材料主要有纯金属钛、钽、铌、锆等，不锈钢、钴基合金和钛基合金等。

生物医用无机非金属材料　具有良好的化学稳定性和生物相容性。主要有陶瓷、玻璃、碳素等。

生物医用高分子材料　生物医用高分子材料是发展最早、应用最广泛的一类材料，包括天然和合成的高分子材料。其中非降解型生物医用高分子材料主要包括聚硅氧烷、聚乙烯、聚丙烯、聚丙烯酸酯、聚甲醛、芳香聚酯等。可降解型生物医用高分子材料主要包括胶原、线性脂肪族聚酯、纤维素、甲壳素、聚氨基酸、聚乙烯醇等。

生物医用复合材料　生物医用复合材料是由两种或两种以上不同材料复合而成的，旨在提高或改善单一材料的性能，又分为金属基、高分子基和无机非金属基3类。

生物衍生材料　生物衍生材料是由经过特殊处理的天然生物组织形成的，具有类似于自然组织的构型和功能。比如取自动物体的、经过处理的、失去生命力的生物组织，主要用于血管修复体、皮肤掩膜、骨修复体等。

总之，生物医用材料是医疗领域中不可或缺的一部分，其分类多样且复杂。深入了解这些材料的特性和应用有助于选择适合特定医疗需求的最佳材料，并为医疗技术的发展提供有力支持。随着科技的不断进步和创新，生物医用材料将在未来发挥更加重要的作用，为人类的健康和生活质量做出更大贡献。

➡➡**生物医用材料的应用和发展前景**

　　生物医用材料领域的研究和发展呈现出多元化和交叉化的趋势，涉及材料学、生物学、医学等多个学科。随着科技的进步和临床需求的不断提高，生物医用材料的研究和应用将不断取得新的突破和进展，为人类的健康和生活质量做出更大的贡献。其主要的研究和发展方向如下。

　　组织工程材料　这类材料能够模拟人体的自然生长过程，为受损组织或器官的修复和再建提供支持。通过将特定组织细胞"种植"于具有良好生物相容性的材料上，可以形成细胞-生物医用材料复合物，进而促进细胞的增长和繁殖，最终形成具有自身功能和形态的新组织或器官。近年来，组织工程学已经发展成为一门涉及多个学科的交叉学科，其在人工皮肤、人工软骨、人工神经、人工肝等领域取得了显著的成果。硬组织工程材料的研究主要集中在碳纤维/高分子材料、无机材料（生物陶瓷、生物活性玻璃）及高分子材料的复合研究，这些材料有助于受损组织的修复和再建。软组织工程材料的研究主要集中在研究新型可降解生物医用材料，改造和修饰原有材料，研制具有选择通透性和表面改性的膜材，发展智能高分子材料等方面。

包罗万象的功能材料

生物医用纳米材料　这类纳米级材料在药物控释、基因治疗载体等方面具有独特的优势。纳米技术的突破使得药物能够以恒定速度、靶向定位或智能释放的方式进入人体，提高了药物的治疗效果和减少了副作用。同时，纳米材料作为基因治疗的载体，为基因疗法的实施提供了有力支持。

生物医用活性材料　这是一类能在材料界面上引发特殊生物反应的材料，它们能与生物组织形成化学键合，有利于生物组织的修复。生物医用活性材料是生物医用材料领域的重要研究方向之一。

生物医用金属材料　这类材料的发展相对缓慢，但由于其较高的机械强度和优良的抗疲劳性能，仍被广泛应用于承力植入物。目前的研究热点集中在镍钛合金和新型生物医用钛合金的开发上。

生物医用复合材料　这类材料结合了不同材料的优点，具有强度高、韧性好和良好的生物相容性。通过改进复合材料界面之间的结合程度，可以进一步提高生物医用复合材料的性能和应用范围。

介入治疗材料　这类材料在心血管疾病、肿瘤等领域有着广泛应用。支架材料、导管材料和栓塞材料等介入治疗材料的研究和改进,旨在提高治疗效果、降低并发症发生率。药物涂层支架、放射活性支架、包被支架和可降解支架等新型介入治疗材料的研究,为介入治疗提供了更多选择。

血液净化材料 这类材料在尿毒症、药物中毒、免疫性疾病等领域有着广泛应用。滤膜、吸附剂等血液净化材料的研究和临床应用,对于提高血液净化效果、降低治疗成本具有重要意义。

口腔材料 这类材料在牙科、口腔外科等领域有着广泛应用。随着组织工程技术的发展,口腔材料在牙齿修复、种植牙等领域的应用也在不断拓展。牙科陶瓷技术的发展方向是克服材料脆性、精确测定牙齿颜色并提供性能稳定的陶瓷材料。

材料表面改性 这是一种改善生物医用材料与生物相容性的有效途径。通过表面化学处理、物理改性和生物改性等方法,可以大幅提高材料的生物相容性。目前比较流行的有离子注入表面改性、等离子体表面改性、自组装单分子层、表面涂层与薄膜合成、材料的表面修饰等。

未来,生物医用材料领域将继续关注材料的生物相

容性、可降解性和多功能性。随着纳米技术、干细胞技术
等高新技术的发展，人们有望开发出更加先进、高效的生
物医用材料，为人类的健康和生活质量做出更大的贡献。
同时，这一领域的研究和发展也将为相关产业带来巨大
的经济效益和社会效益。

▶▶ 功能材料的现代使命

前面为大家介绍的功能材料是按照分类讲解的，相
信大家已经对每种功能材料有了一个初步的认识。在工
程实践中不难发现，仅仅单独使用一种功能材料的情况
比较少见，大多数的情况下是多种功能材料集合组成的
一个复杂体系。下面就从新能源汽车、新一代战斗机和
芯片这三个产品出发，了解多种功能材料构筑的体系，体
会功能材料在每个人的日常生活中甚至国防科技发展中
所起到的不可替代的作用。深刻理解继续加强对功能材
料的研究和开发，推动其在更多领域的应用和创新发展
的重要意义。

➡➡ 新能源汽车中的功能材料

在新能源汽车这个高速发展的科技前沿阵地，功能
材料扮演着至关重要的角色。它们是车辆性能的基石，

决定了能源效率、安全性能及整车的耐久度。从提供强劲动力的电池材料到确保结构轻盈而坚固的先进复合材料，每一种功能材料的开发都充分考虑了对资源的节约和对环境的保护。

新能源汽车中有三类重要的材料。第一类是电池材料。电池技术是新能源汽车发展的核心，因此，锂离子电池中的正极材料、负极材料及电解质溶液等关键组成部分都需要不断追求更高的能量密度和稳定性。除了电池，超级电容器材料也在能量存储领域发挥着辅助作用，以其快速充放电的特性弥补电池的不足。第二类是轻质复合材料。为了实现汽车轻质化，降低能耗，采用高强度钢、铝合金及碳纤维增强复合材料等不仅可以减轻车身质量，而且能提高车辆的碰撞安全性能，进一步保护了乘客的安全。第三类是特定功能材料。比如优化热管理系统的高导热性材料、用于电子控制系统的半导体材料等。这些材料的应用，使得新能源汽车在性能上逐渐超越传统燃油车，同时也大幅减轻了对环境的负担。

在探讨新能源汽车技术的核心要素时，我们首先聚焦锂离子电池材料这一关键领域。电池材料是电动汽车能量存储系统的"心脏"。选择锂电池作为首选的能量存储方案，主要得益于其出色的性能指标：高能量密度、长

包罗万象的功能材料

久的寿命及低自放电率。比如作为正极材料的镍钴锰酸锂（NCM）和磷酸铁锂（LFP），它们之所以受到重视，是因为它们的晶体结构能够稳定地容纳和释放锂离子，使得电池具备优异的循环稳定性和安全性。当前，科研人员致力于锂离子电池材料的研究，锂离子电池的性能指标不断被刷新，新型锂离子电池材料不断被研发问世。

以宁德时代新能源科技股份有限公司为例，它不仅是全球领先的锂电池制造商，更是在提高电池能量密度的研发工作中不断加码，其目标是在未来数年内实现电动汽车更长的续航里程与更短的充电时间。此外，宁德时代新能源科技股份有限公司还积极投身于电池回收和再利用的研究，致力于推进产业链的绿色可持续性发展。电动汽车领域不得不提的特斯拉，其采用的锂离子电池技术，在不断追求技术创新的同时，实现了电池能量密度的显著提高与成本的有效降低。特斯拉通过优化电池设计，改善电解质溶液配方，提升电极材料的导电性，以及采用先进的装配技术等手段，推动了电动汽车行业的持续进步，并为电动汽车的普及奠定了坚实的基础。

有两种复合材料在新能源汽车的设计与性能上发挥着重要的作用，碳纤维增强塑料（CFRP）和玻璃纤维增强塑料（GFRP）。这两种材料以其卓越的强度与质量比在新能源汽车领域赢得了广泛的赞誉。碳纤维增强塑料凭借其非凡的强度和刚性,提升了新能源汽车的结构性能。这种材料由轻巧而坚硬的碳纤维编织成布状或层状,再融入塑料树脂中制成。碳纤维的融合极大地提高了材料的拉伸和压缩强度,同时保持了极低的密度。因此,碳纤维增强塑料在显著减轻新能源汽车质量的同时,也增强了新能源汽车的抗疲劳性和耐腐蚀性。例如,宝马 i3 和 i8 系列车型对碳纤维增强塑料的大量应用,不仅减轻了车辆质量,而且提升了车身的整体刚性和安全性能,这对于提升新能源汽车的动力效率和续航里程至关重要。

玻璃纤维增强塑料是一种成本效益较高的复合材料,它以玻璃纤维作为强化材料,虽然玻璃纤维比碳纤维重,但玻璃纤维具有较高的抗拉强度和抗弯强度。玻璃纤维植入塑料树脂后制成的玻璃纤维增强塑料具备出色的机械性能和耐化学腐蚀性,使其成为适用于多种工业和消费产品的理想材料。在新能源汽车领域,玻璃纤维增强塑料的应用有助于平衡性能和成本,实现经济效益与生态友好的双重目标。

总之,碳纤维增强塑料和玻璃纤维增强塑料作为轻质、高强度复合材料,在汽车工业中得到了广泛应用。通过智能设计,它们不仅为现代汽车工程提供了解决方案,

包罗万象的功能材料

更为追求更高效、更环保的未来交通方式铺平了道路。

随着电动汽车功率密度的不断攀升，散热问题逐渐凸显，成为提升性能的关键制约因素。在众多功能材料中，特别值得关注的是导热材料，如石墨烯和金属基复合材料（MMCs）。石墨烯是由单层碳原子以蜂窝状排列组成的二维材料，石墨烯有超强的导热性和导电性。作为一种超材料，石墨烯能够高效地传递电池和电动机产生的热量，是热管理领域的一颗新星。金属基复合材料是一种以金属或合金为基材，结合陶瓷、碳纤维或其他高性能材料制成的高性能复合材料。这些材料不仅具有优异的导热能力，还具备较高的机械强度和较好的耐磨性，使其能够在高温环境中保持稳定性，从而有助于提升电动汽车的安全性能。比亚迪等汽车制造商正通过应用这些尖端导热材料来优化其车辆的热管理系统。这些创新技术的应用，确保电池系统能在理想的操作温度范围内工作，可以延长电池寿命，并提升电动汽车的安全性能。

在电动汽车的牵引电动机中，通常使用的磁性材料主要有两种：稀土永磁材料和软磁材料。其中，钕铁硼（NdFeB）是一种常见的稀土永磁材料，由于其具有较高的磁能积和良好的热稳定性，已成为制造高效率电动机的首选材质。然而，稀土元素尤其是钕的稀缺性和价格的波动性，对新能源汽车制造商构成了成本压力和供应链风险。因此，当前行业内正涌现出一个研发趋势，即通过创新电机设计理念和技术，实现对稀土元素使用量的最优化。这包括探索替代材料、改进磁路设计、提升制造精度等措施，不仅旨在降低电机生产成本，更在于减少整个行业对稀土资源的依赖度，推动新能源汽车产业的可持续发展。软磁材料，如铁、硅钢、镍铁合金（如坡莫合金）、铁氧体等，是新能源汽车电机技术的核心要素，它们被广泛应用于制造电动机的关键部件，如定子、转子等，这些部件对汽车的动力输出和效率至关重要。由于软磁材料具有出色的磁性能，它们能够轻松地在磁场中被磁化，并在去除外加磁场时迅速去磁化。这种快速响应的特性使得它们在降低新能源汽车运行时的能量损耗方面发挥着至关重要的作用。此外，软磁材料也是制造变压器和电感器等关键电力电子设备的基本原材料，这些设备在新能源汽车的电气系统中起到调节电流、储存能量和优化能源分配的作用。随着新能源汽车行业的快速发展，对软磁材料的研究和应用也在不断推进，以寻求更高的磁通密度、更低的磁滞损耗，从而为电动汽车提供更高效率的电力驱动解决方案。

归根到底，新能源汽车的发展是一场融合多元技术

的复杂征程,它的成功离不开多种功能材料的紧密配合和技术的不断创新,每一种材料在新能源汽车的革新之路上都扮演着重要的角色。

➡➡新一代战斗机中的功能材料

国无防不立,国家的稳固依赖于坚实的国防,同时人民的安宁也同样需要可靠的安全措施。在全球化日益深入的今天,国家安全已经成为每个国家和民族生存和发展的基本前提,是安邦定国的重要基石。历史和现实不断证明,没有坚强的国防作为支撑,一个国家的发展成果很难得到保障,甚至可能面临被侵犯的危险。

材料科学是现代高科技战争的关键领域之一。从轻质、高强的航空材料到耐腐蚀、耐高温的特种合金,从能量密度极高的新型能源材料到具有特殊功能的智能材料,都是提升武器系统性能的重要基础。随着军事需求的增长和战争形态的变化,传统材料的性能已经难以满足现代化军事装备的要求,因此军用新材料技术的研发成为各国争夺的焦点。

第五代战斗机的出现标志着战斗机技术的新突破,它们的设计理念和技术特点代表了当前航空技术的最前沿。第五代战斗机通过采用先进的隐身技术、超声速巡航能力、卓越的机动性能和高度集成化的航电系统,大幅提升了生存性和作战效能。例如,F-22战斗机以其卓越的空中优势和隐蔽性成为空中作战的有力竞争者。

正在研制中的下一代超声速歼击机将隐身性能发挥到极致,这得益于它们所采用的先进制造技术和材料。复合材料的广泛应用不仅减轻了飞机的质量,还提高了结构强度和耐久性。翼身融合设计减少了机身的雷达截面积,而吸波涂层和电磁屏蔽技术则进一步降低了敌方雷达的探测概率。

隐身技术的核心在于采用特殊的隐身材料,这些隐身材料能够使敌方的探测、导引与侦察系统失效,从而让军事行动尽可能隐秘地进行,以把握战场主动权,并快速达成作战目的。隐身材料的种类繁多,包括毫米波吸收结构材料、橡胶类吸波材料和多功能吸波涂层等。这些材料不仅能够显著降低被毫米波雷达与制导系统探测、追踪和命中的概率,而且能与可见光及红外频段的伪装手段相兼容。

隐身材料通常分为结构型隐身材料和喷涂型隐身材料两大类。结构型隐身材料因其设计难度和制造工艺复杂性高,其广泛应用受到限制。例如B-2轰炸机使用的

就是结构型隐身材料,因其设计难度和工艺要求太高,所以并未得到广泛运用。喷涂型隐身材料可以细分为吸收型和干涉型,例如 F-35 战斗机使用的就是吸收型涂层。然而,吸收型涂层易受环境影响,可能导致涂层表面出现划痕、剥落等问题,影响战斗机性能,这也是 F-35 战斗机生产交付速度难以提高的原因之一。同样,F-22 战斗机由于依赖喷涂型隐身材料,必须存放在恒温、恒湿环境中,这也是美军最终停产该型号飞机的原因之一。尽管存在上述难题,但 F-35 战斗机和 F-22 战斗机依旧是先进的隐身战斗机的代表。实践表明,第五代战斗机可以在外形设计的基础上通过使用隐身材料来进一步提升隐身能力。中国在隐身材料研究方面取得了重大突破,中央电视台曾报道过 4 种新型隐身材料,包括微金属结构隐身材料、海绵结构隐身材料、皮质结构隐身材料和涂层结构隐身材料。这些隐身材料形态各异,有的像涂有铜钱图案的板材,有的类似海绵或油漆,有的则似橡胶般质地。这些隐身材料被研究人员形容其"如同贴面膜一样易于弯曲"的材料,尽管形态各异,但它们共同的特点是能有效吸收雷达波。一旦铺设于钢板之上,便能显著削弱雷达信号,不难想象,当应用于飞机和潜艇上时,可实现近乎隐身的效果。与传统雷达吸波材料相比,新型雷达吸波材料的原理有所不同。传统雷达吸波材料在雷达波打到目标表面时会产生反射波,使得雷达能够探测到目标位置,然而新型雷达吸波材料允许雷达波在接触目标表面后被吸收,或者仅产生极为微弱的回波,使得雷达难以根据回波定位目标。值得注意的是,中国推出的这批隐身材料覆盖了海绵状、皮质、微金属及涂层等多种结构,这表明中国不仅在雷达隐身效果方面取得了重大突破,而且在处理方法上也有了创新和多样化。

为了保持在军事竞争中的优势地位,各国都在积极投入隐身材料的研发和应用。我国的隐身材料的研发还在继续进步,从配方到加工技术都将成为未来的研究重点。这不仅意味着新型战斗机都可能采用这些先进材料,这些隐身材料的应用也将扩展到潜艇、坦克、装甲车辆等军事装备上,为对抗敌方的雷达和预警探测系统提供强大的隐身能力。

在军事领域,电光材料的应用也尤其关键。碲镉汞和锑化铟等先进材料因其独特的电光特性,成为制造高性能红外探测器的关键材料。这些探测器广泛应用于飞机、导弹和其他地面军事装备中,可以在黑暗或恶劣气候环境中探测到潜在的威胁,从而保护士兵和军事设备。氟化镁有其出色的物理特性,其透明度高和耐腐蚀性能

使其成为理想的红外透射材料,能够在多种环境中保持光学系统的性能和稳定性。激光晶体与激光玻璃作为高功率和高能量固体激光器的重要组成部分,被广泛应用于医疗、工业乃至军事领域中,提供了高效率和高稳定性的光源解决方案。其中,红宝石晶体、掺杂钕的钇铝石榴石及半导体激光材料是常见的激光材料。

另外,电光材料在现代航空技术中也得到了广泛应用。光电分布式孔径系统(EODAS)是现代战斗机(如F-22 战斗机、F-35 战斗机)等所装备的关键系统。它通过多个高分辨率电光传感器,实现全天候、全方位的目标探测和跟踪能力。光电分布式孔径系统的传感器能捕捉可见光、红外线和紫外线等信号,为飞行员提供准确的图像和视频数据,实现目标搜索、识别和定位。

随着科技的发展,新一代的功能材料也会被逐渐应用于隐身战斗机的研发之中。这些材料能够根据外界环境的变化自主调整其性质,例如在遇到雷达波时改变电磁特性,以达到更好的隐身效果。这种自适应能力使得飞机能够更加灵活地应对复杂多变的战场环境。

材料科学对于隐身战斗机的发展起到了决定性的作用,其中功能材料的作用尤为突出。隐身材料可以为战斗机提供更强的隐身能力,应用电光材料可以制作高性能红外探测器。随着材料科学的不断进步,未来的隐身战斗机将更加隐蔽、高效,能在多种复杂的环境中发挥更大的作用。

在这场技术竞赛中,航空工程师和科学家要携手合作,跨越传统的学科界限,共同应对挑战。化学家、物理学家、材料科学家和航空工程师需要共享知识,利用最新的科研成果,推动材料科学的进步与航空技术的融合。而这种融合,将进一步促进新型飞行器的研制,如无人作战飞机、高超声速飞行器和太空探索器等。

总之,未来的空中战场将不再是单一的平台对决,而是综合了先进材料、智能制造和智能系统的全方位竞争。在这场竞争中,只有更高效地开发和利用新型功能材料,才能在未来的航空领域占据优势,进而在天空的角逐中取得主导地位。因此,投资于功能材料的研究与开发,培养跨领域的科研人才,加强国际合作,都是实现这一目标的重要策略。

➡➡芯片中的功能材料

芯片,被誉为现代电子设备的"心脏",在其微小的身躯中蕴藏着惊人的计算能力和智慧。每一次技术的飞跃

和创新，都离不开半导体材料的贡献。那么，究竟有多少种功能材料参与到一个芯片的制备过程中呢？这个问题的答案远比想象中复杂和丰富。

在当今的高科技时代，制备一个芯片是一个涉及精密工艺和众多材料科学的复杂过程。为了实现集成电路中各种复杂的功能，工程师需要运用多种具有特定性能的功能材料。这些材料通过其独特的物理和化学属性，在微电子领域中发挥着至关重要的作用。以下是一些关键的功能材料的类别及应用。

导电材料 导电材料是集成电路的核心要素，导电材料承担着在芯片内部形成导线、插孔和电极的关键职责。在众多的导电材料中，金属材料因其卓越的电导率而成为行业的首选。铝、铜、金、银及钨是行业内广泛采用的材料，特别是铜，它以较低的电阻率和出色的抗电迁移能力在现代集成电路的制造中占据了重要地位。为了追求更高性能，有些高级计算芯片甚至会采用银或金等贵金属，以此来进一步减小电阻并提升电导率。未来的导电材料研发将侧重于进一步提升电导率、降低电阻温度系数，并增强材料的机械强度与耐热性能。此外，随着纳米技术和材料科学的发展，我们有望见证新型导电材料的出现，这些材料会具有更轻、更强、更节能的特性，极大地提高电子器件的性能和集成度。

半导体材料　半导体材料是芯片的"心脏",半导体材料承担着实现电路逻辑和放大信号的关键任务。硅作为最广泛使用的半导体材料之一,拥有许多优势。它不仅资源丰富、价格相对低廉,而且加工技术成熟可靠,其半导体特性也十分优越,使得硅成为工业上晶体管和集成电路生产的首选材料。

尽管硅有着诸多优点,但在有些特殊的应用场合,其他半导体材料开始受到重视。例如,锗是一种古老的半导体材料,因其较高的载流子迁移率,适用于高速器件的制作。此外,由于锗具有较窄的能带隙,它也用于红外探测器和其他光电设备中。砷化镓也是一种重要的非硅半导体材料,它在移动通信领域特别受欢迎。砷化镓比硅具有更高的电子迁移率,这意味着它可以更有效地传输信号,因此适用于高速、低噪声的通信设备,比如手机和卫星通信。氮化镓是一种新兴的高性能半导体材料,以其出色的热稳定性和高电子饱和速率而闻名。氮化镓特别适用于制作高频率、高功率的电子器件,如微波通信器件和电力电子设备。这种材料具有较宽的能带隙特性,使其在高温环境和高压应用中表现出色,因此在电源转换和能源传输方面有巨大的潜力。

包罗万象的功能材料

除了上述材料外，还有碳化硅（SiC）、硒化锌（ZnSe）和碲化镉（CdTe）等多种半导体材料正在研究与开发中，它们各自具有不同的特点和适用领域。随着对性能要求的不断提高和技术的持续进步，未来会有更多的新型半导体材料被研发出来，进一步推动电子技术的发展。

绝缘材料 在电子工业中扮演了至关重要的角色，尤其是在确保电路安全和提升效能方面。绝缘材料通过在导体之间提供隔离来防止不必要的电流泄漏，从而保护敏感元件并提高整体电路的性能。在众多绝缘材料中，二氧化硅（通常以玻璃的形式存在）是应用最为广泛的一种绝缘材料。它有其出色的绝缘性能和化学稳定性，使其成为半导体产业中不可或缺的材料之一。

除了二氧化硅，现代科技的发展还推动了其他先进绝缘材料的使用，例如氮化硅和氮氧化硅。这些高硬度、耐温性极佳的材料，不仅保持了传统绝缘材料的电学特性，还在物理性能和热稳定性上有显著提升。它们的耐高温能力尤其重要，因为许多高科技芯片需要在极端环境中运行，如在高温环境中工作的汽车电子设备或航空航天器件。在这些应用中，芯片的可靠性和耐用性受到极大的考验，而采用高硬度和耐温性的绝缘材料则可以大幅延长设备的寿命和增强其性能。

此外,绝缘材料在微电子领域中也起着关键作用。在芯片的制造过程中,绝缘层用于封装和保护导线,防止短路和信号干扰。在多层印刷电路板中,不同层之间的绝缘层确保了信号传输的准确性和效率。随着技术的不断进步,绝缘材料的研发也在持续进行。科学家致力于寻找更加高效、可持续和环保的新型绝缘材料,以满足未来电子产品对高性能和环境友好型材料的需求。绝缘材料不仅是电子技术发展的关键因素,也是推动多个行业乃至社会科技进步的重要基石。

屏障材料 屏障材料的运用主要是为了防止不同金属层之间的物质相互扩散和发生化学反应,从而维护电路结构的完整性和功能性。

具体来说,当使用如铜这样具有较高迁移率的金属作为导电材料时,没有适当的屏障层,它们很容易在电场的作用下或者在高温环境下穿越绝缘层,造成邻近金属层之间的短路或电气性能的退化。钛、钛氮和钽等屏障材料因其良好的化学稳定性和扩散阻挡能力而被广泛用作屏障层,有效地防止了这类金属的迁移问题。

这些屏障层通常以极薄的膜层形式存在,并且需要具备足够的机械强度来抵御制造过程中的各种应力,同

时保持电学的隔离特性。此外，屏障材料还需要在后续热处理过程中保持稳定，不与周围的介质或金属材料产生不良反应。

随着封装技术的发展，尤其是三维堆叠芯片技术的出现，屏障材料的作用变得更加关键。在三维堆叠芯片中，多层电路被垂直叠加，这就要求屏障材料不仅要在同一平面内防止金属层之间的物质相互扩散，还必须阻止层与层之间的交互影响。因此，屏障层需要更加精确地控制其厚度和质量，以确保在复杂的立体结构中也能发挥出优异的隔离效果。

钝化层材料　这种材料构成了芯片的保护外层，它能够抵御湿气、离子污染和机械损伤等环境因素的侵袭。磷硅酸盐玻璃、聚酰亚胺和苯并环丁烯等材料，都是用于形成保护性覆盖层的常用材料。例如，在航天器中使用的芯片，其钝化层必须能够抵抗极端的空间环境，包括真空、辐射和剧烈的温度变化。

封装材料　当芯片制造完成后，其本身非常脆弱且易受外界环境的影响，例如湿度、温度变化和物理冲击等都可能对其造成损害。因此，为了确保芯片的稳定性和长期可靠性，必须使用封装材料将其包裹起来进行保护。

在封装过程中,首先需要使用黏结材料将芯片固定到引线框架或其他载体上。环氧树脂因其优良的黏结性能、热稳定性和电绝缘特性而被广泛采用。除了环氧树脂,还可能使用聚酰亚胺或其他类型的高性能胶黏剂来满足特殊应用需求。

其次,芯片会被塑封在一个保护壳体内以隔离外界环境的影响。这种壳体一般是由塑料或陶瓷材料制成的。塑料封装由于成本相对较低、成型容易等优点而得到普遍应用。而陶瓷封装则通常因其更高的热导率和更好的气密性而应用于要求更严格的军事和航空航天领域。

电气连接的建立是通过键合丝来实现的。键合丝通常是由金、铝或铜等导电材料制成的,它们能够将芯片上的微小焊点连接到引线框架上,从而实现电路的外接。

引线框架不仅起到固定芯片的作用,还是连接内外电路的桥梁。它通常由条状的金属引线组成,这些引线会在封装过程中与芯片上的电路及外部设备相连接。

为了支持更加复杂的电路设计和提高信号传输效率,封装基板通常是由多层复合材料制成的。这种基板能够提供高密度的电路布局,并且通过嵌入方式将不同

的电子组件整合在一起。

最后，在芯片封装完成之后，还需要使用如金刚石刀片这样的切割材料将晶圆切割成单独的芯片单元。这一步骤需要极高的精确度，以确保每个芯片的边缘平整且无损伤。

随着电子产品向着更小型化、更高性能和更多功能的方向发展，半导体封装技术也在不断发展。新材料的开发和新技术的应用使得未来的封装技术将变得更加复杂和精细，从而能够满足日益增长的市场需求。例如，三维封装技术允许更多的芯片堆叠在一起，极大地提高了集成度和性能，同时还减小了占用空间。另外，环保型封装材料的研究和开发也将是未来趋势之一，以减少生产和废弃时对环境的影响。

低介电常数（low-K）材料　在减少芯片内部金属层之间的电容耦合方面，低介电常数材料功不可没。它们通过降低相对介电常数，帮助减小信号传播延迟和功耗，这对于提高芯片的性能和效率至关重要。常见的低介电常数材料包括某些掺杂的硅氧化物、有机聚合物和多孔硅基材料。在最新一代的微处理器中，低介电常数材料的使用已成为标准做法，以提高速度和降低能耗。

高介电常数(high-K)材料　二氧化硅曾在过去数十年中一直是晶体管制造中的标准栅极电介质，然而随着技术的发展和对更小型、更高效晶体管的需求日益增长，二氧化硅的局限性开始显现。二氧化硅的介电常数较低，这限制了晶体管的电流控制能力，并且当晶体管尺寸缩小到一定程度时，二氧化硅层变得过于薄弱，会导致显著的量子隧穿效应，从而增大漏电流。为了解决这些问题，高介电常数材料应运而生。

高介电常数材料之所以能提升晶体管性能，是因为它们具有更高的介电常数，这意味着相同的物理厚度下能够提供更好的电容效应，从而实现更强的电流控制。同时，由于可以采用较厚的高介电常数材料层，因此能有效减小漏电流。这对于实现更小尺寸晶体管并提高其性能极为关键。

二氧化铪(HfO_2)是研究和应用最广泛的高介电常数材料之一。它不仅具有高的介电常数，而且与现有的硅基制造工艺兼容，因此在 45 nm 及 45 nm 以下技术节点的高性能晶体管制造中得到了广泛应用。除了二氧化铪，一些稀土氧化物如氧化镧(La_2O_3)、氧化铈(CeO_2)等也被研究和考虑作为高介电常数材料，以进一步提升电介质的性能。

包罗万象的功能材料

引入高介电常数材料使得晶体管可以在保持高性能的同时进一步缩小尺寸，推动了摩尔定律的继续发展。这种进步为微处理器、存储器及其他电子设备的性能提升提供了可能性。

磁性材料　磁性材料在现代电子设备中扮演着至关重要的角色，特别是在磁性随机存取存储器这类专用芯片的应用上。与传统的存储技术相比，磁性材料提供了一种独特的数据存储解决方案，因为它们能够利用电子的自旋状态来存储信息。这一特性使得它们在断电时仍能保持数据的存储状态，从而实现了非易失性存储。

在磁性随机存取存储器中，磁性材料被用作存储单元，通过改变其磁场的方向来代表不同的二进制状态——通常为"0"和"1"。当电流通过这些材料时，它会改变磁性材料的磁化方向，从而写入新的数据。读取数据也同样简便，通过检测材料的磁化状态即可确定其存储的数据。因此，磁性随机存取存储器不仅具有快速访问时间，还具有几乎无限的使用寿命，因为它们在进行读写操作时不涉及物理磨损或退化。

此外，使用磁性材料进行数据存储还有助于降低能耗。由于这种存储方式不需要持续供电以保持数据，因此可以节省大量的电力，尤其适用于需要长时间保持数据状态但电力供应有限的场合。这对于便携式设备、无线传感网络及远程监测系统等应用来说是一个巨大的优势。

为了进一步提升磁性随机存取存储器的性能和存储密度，研究人员正在积极开发新型磁性材料，如铁铂合金。这些材料因其出色的磁性能、高稳定性及与其他半导体制造工艺的兼容性而备受关注。通过对这些材料进行微调和优化，研究人员希望能够使磁性随机存取存储器达到更高的存储密度，同时保持甚至提高其速度和耐用性。

随着非易失性存储技术的持续进步，基于磁性材料的磁性随机存取存储器有潜力成为未来数据存储领域的主流选择之一。它不仅能够提升现有设备的性能，还能推动全新类型的电子设备的发展，这些设备将能够在更小的能量预算下执行复杂的数据处理任务，为物联网、人工智能及边缘计算等领域带来革命性的变化。

制备一个芯片所涉及的功能材料类型繁多，每一种材料都承载着特定的角色和功能。在微电子领域，材料的创新是推动技术进步的核心动力。随着科技的不断发

包罗万象的功能材料

展，尤其是在纳米技术和材料科学方面，越来越多的创新性功能材料将被研究和开发出来。这些新材料不仅会拥有更加优异的性能，而且会具备更加环保、经济和高效的特质，为芯片制造的持续发展提供强大的支撑。

琢料育材，唯实笃行

博学之，审问之，慎思之，明辨之，笃行之。

——《礼记·中庸》

▶▶功能材料专业简介

功能材料是普通高等学校本科专业之一，属于材料大类，基本修业年限为四年，授予工学学士学位。

2010年，教育部确定功能材料专业为国家战略性新兴产业本科专业。2011年，少数高校开始试点开设功能材料专业（专业代码为080215S）。2012年，教育部发布的《普通高等学校本科专业目录新旧专业对照表》中新的功能材料专业（专业代码为080412T）由旧的功能材料专业（专业代码为080215S）和生物功能材料专业（专业代码为080213S）合并而来。2020年，教育部发

布的《普通高等学校本科专业目录（2020 年版）》中，功能材料专业（专业代码为 080412T）隶属于工学、材料类（0804）。

2011 年，根据教育部、财政部发布的《关于批准第七批高等学校特色专业建设点的通知》，批准大连理工大学功能材料专业点为第七批高等学校特色专业建设点，大连理工大学正式开设功能材料专业，作为国家战略性新兴产业相关专业，并且于 2022 年获批国家级一流本科教育示范专业。2018 年 10 月，由天津大学、大连理工大学、华南理工大学、东北大学、河北工业大学、西安建筑科技大学等 12 所大学的功能材料专业发起成立了全国高校功能材料专业联盟。经过多年的发展，全国高校功能材料专业联盟在教材、专业建设、高校合作、教学成果方面取得了丰硕的成果，有 4 种教材入选了教育部教育教学指导委员会规划教材，5 个高校的功能材料专业入选了一流专业，2 个高校的功能材料专业通过了国际工程教育认证。

功能材料专业面向新工科，形成多种功能材料齐头并进的态势，具有与先进能源、电子信息、人工智能等新兴学科无缝连接的特色和优势。

▶▶功能材料专业培养目标

依托一流研究型大学的功能材料专业,致力于培养具有人文素养和创新精神,具备功能材料宽厚理论知识基础,掌握现代功能材料前沿技术,具有在材料工程、电子信息、新能源、机械工程等行业和领域从事工程科学研究、新技术开发、工程创新设计等方面能力的研究型创新人才,能够成为社会主义事业德智体美劳全面发展的高水平建设者和接班人。

具体培养目标如下:

具有宽厚的人文社科、自然科学和功能材料专业基础和前沿技术领域的知识;具有综合应用功能材料专业知识、使用计算机工具与现代材料制备及分析技术,解决关于功能材料及器件的设计、合成与制备、性能检测与表征、技术开发与应用、生产与经营管理等方面复杂工程问题的能力,具有实践创新能力;具有健全的人格、良好的人文素养和高度的社会责任感,遵守工程职业道德规范,树立正确的工程伦理观;具有优秀的团队精神、国际视野和国际竞争力,具有不断学习和适应发展的能力。

琢料育材·唯实笃行

为达成上述培养目标，功能材料专业毕业生需要达到以下基本要求：

工程知识　能够将数学、自然科学、电子学基础和材料物理化学知识用于功能材料制备与结构分析、材料与器件性能测试，以解决材料与器件的设计、工艺和生产技术中的工程问题。

问题分析　能够应用数学、自然科学和工程科学的基本原理，并结合文献研究，识别、表达、分析功能材料领域复杂工程问题，得出有效结论。

设计/开发解决方案　能够设计针对功能材料领域复杂工程问题的解决方案，设计满足特定需求的功能材料体系、元器件和制备工艺流程，并能够在设计环节中体现创新意识，考虑社会、健康、安全、法律、文化及环境等因素。

研究　能够基于科学原理并采用科学方法对功能材料领域复杂工程问题进行研究，包括实验设计、数据分析，并通过信息综合得到合理有效的结论。

开发　具有合理使用现代工具的能力，在解决功能材料领域复杂工程问题的过程中，能够开发、选择与使用恰当的技术、资源、现代功能材料设计与开发工具、信息技术工具,包括对功能材料领域复杂工程问题的预测与模拟,并能够理解其局限性。

工程与社会 能够基于工程相关背景知识进行合理分析,并评价功能材料领域中工程实践和复杂工程问题的解决方案对社会、健康、安全、法律及文化的影响,并理解应承担的责任。

环境和可持续发展 能够理解和评价电池、半导体、稀土及有色金属等新型功能材料及应用领域中复杂工程问题的解决和实施方案对环境保护和可持续性发展等方面的影响,正确认识工程实践对自然和人类社会的影响。

职业规范 具有较好的人文和社会科学素养、社会责任感和法律意识,能够在电池、半导体、稀土及有色金属等新型功能材料及应用领域的工程实践中理解并遵守工程职业道德和规范,正确履行自己的责任。

个人和团队 具有一定的团队精神,能够在多学科背景下的工程和科研团队中承担个体、组员、负责人等角色,善于与组员沟通,并能够顺利完成角色互换。

沟通 能够就电池、半导体、稀土及有色金属等新型

琢料育材,唯实笃行

功能材料及应用领域中的工程问题与业界同行及社会公众进行有效沟通和交流，能够撰写工程报告、设计方案、陈述发言，清晰表达自己的见解并回应相关指令；具有国际视野和具备跨文化交流、沟通和合作能力。

项目管理　掌握电池、半导体、稀土及有色金属等新型功能材料及应用领域中的工程管理原理和经济决策方法，具有在多学科工程实践中应用的能力。

终身学习　具有自主学习和终身学习的意识，有不断学习新的专业知识和技能，并适应科学、技术和工程发展的能力。

价值观　树立和践行社会主义核心价值观，秉承大国工匠精神和红色基因，勇于承担中华民族伟大复兴所赋予的社会责任和历史使命，能够阐释正确的价值观对功能材料领域科学研究、工程和社会实践活动的影响。

▶▶功能材料专业课程体系

研究型大学的工科专业课程体系基本框架大多是相似的，如图2所示为功能材料专业课程体系。学生通过这些课程的学习可掌握多种知识和技能，以实现培养目标。

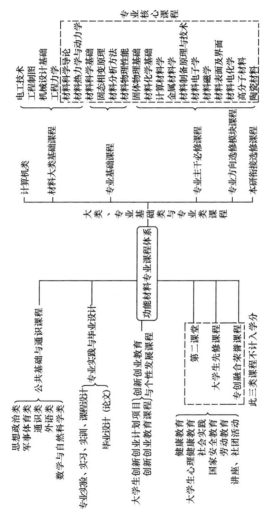

图2 功能材料专业课程体系

这些课程中,只有大类、专业基础类与专业类课程是为特定专业的学生设计的,旨在为学生提供深入的专业知识和技能。其他类型的课程设置都大同小异。这里面有几个值得注意的变化。

第一,随着科学技术的高速发展,高等教育越来越注重实践类课程和创新创业教育,不断提升这类课程的学分,尽可能开设更多的实验课,为学生提供越来越多的实践机会,让学生将课堂上学到的理论知识应用到实际问题中,培养学生的创新思维和创业精神,以及他们的个人发展和职业规划能力。

以功能材料基本的制备、表征及物理化学性能测试两门实验课为例,为了让学生尽可能多地了解功能材料制备及分析技术,将实验课直接开设到研究不同功能材料的课题组,让本科生在研究生的带领下直接参与课题实验,旨在激发学生的学习兴趣,培养他们的动手能力和团队协作精神。学生可以根据自己的兴趣和发展方向,自主选择感兴趣的多个课题组进行深入学习。在课题组学习过程中,学生不仅能够了解相关课程的背景知识,还可以学习基础仪器的操作方法。通过实际操作,学生可以更好地理解理论知识,提高自己的实践能力。此外,课题组的学习氛围也有助于培养学生的学术素养和独立思考能力。

第二,随着高等教育的不断发展,以及国家对高水平人才的需求,近年来继续攻读硕士学位、博士学位的人数大大增加,开设本研衔接课程,可以帮助学生提前熟悉研究生阶段的知识体系,提前感受研究生学习生活的节奏,为即将到来的硕博阶段做充分的准备。同时,通过体验不同类型的课题,让学生找到自己真正感兴趣的研究方向,这对于他们之后的硕博研究生涯具有重要意义,因为兴趣是原动力,是取得优秀研究成果的前提。

▶▶功能材料专业核心课程

专业核心课程为学生讲解必备的基础专业知识。每个高校开设的功能材料专业都有各自的特色和重点研究方向,专业课程体系也有相应的侧重点,下面以大连理工大学功能材料专业为例,介绍功能材料专业核心课程设置,除材料大类工科专业必学的计算机类课程及电工技术、工程制图、机械设计基础和工程力学课程外,17门特色核心课程分布在材料大类基础课程、专业基础课程和专业主干必修课程中,下面进行逐一介绍。

材料科学导论　在专业学习之前,使大学一年级的

学生对本专业有一个全面的认识是非常必要的。该课程主要介绍材料学科的特点、历史和现状、专业学习的特点和未来发展。主要包括：专业概论、材料发展史、材料世界、新材料发展、专业技能、材料实验室、材料职业规划、材料人的未来等。使学生对学科形成整体认识，并对未来几年的专业学习，乃至未来的人生有一个初步规划。

材料热力学与动力学　一门重要的材料大类基础课程。具体讲授热力学第一定律、热力学第二定律、热力学第三定律、化学平衡、相律、相平衡、溶液热力学、相图热力学、电化学、界面现象及化学动力学等的概念和理论。使学生系统掌握材料热力学的基本概念、理论和研究方法，通过运用所学知识分析、解决问题，提高学生综合能力与素质，并为以后进行材料研究打好基础。

材料科学基础　材料类专业必修的、最重要的专业基础课程之一。主要包括 3 部分内容：晶体学基础，包含原子结构与结合键、晶体结构、晶体缺陷等；形变及强化基础，包含位错基础、材料变形、回复与再结晶等；相图及相变基础，包含二元相图、三元相图、材料的凝固和固态扩散等。使学生具备材料研究和应用的相关基础知识，并为后续专业课的学习奠定基础。

固态相变原理　材料类专业必修的重要专业基础课程。使学生能够全面系统地了解金属相变原理的基础理论知识和工艺方法,掌握固态相变发生的条件、特征和规律,掌握金属材料热处理工艺及微观组织结构与性能之间的关系。为以后的专业课程的学习打好基础,培养学生从事材料的研究和新材料开发的能力。

材料分析方法　材料类专业必修的重要专业基础课程。主要介绍材料结构、成分、微观形貌的测定原理及方法,具体包含晶体学基础,X射线衍射分析,透射电子显微分析,扫描电镜及电子探针微分析,以及其他材料分析方法介绍。使学生具备材料领域常规分析能力,为后续专业课的学习及科学研究奠定基础。

材料物理性能　材料类专业必修的重要专业基础课程。该课程不仅要求学生掌握材料各种物理性能的基本概念,深刻理解其物理本质,更侧重于结合材料的实际情况,了解材料成分、组织和结构因素对各种物理性能的影响规律。既可以让相关物理基础在各种功能材料的优化设计过程中发挥作用,又能让学生掌握更多的功能材料研究和分析方法。

固体物理基础　专业主干必修课程。主要介绍凝聚

态物质的各种现象和理论知识。通过实例帮助学生掌握多种计算方法和技巧，如密度泛函理论、格林函数方法、玻恩-冯·卡门边界条件等。此外，通过讨论和分析凝聚态物质的实际应用，如超导材料、半导体器件和纳米技术等，培养学生的创新思维和实践能力。

材料化学基础　专业主干必修课程。主要内容包括材料化学的理论基础、材料制备化学、新型功能材料、功能转换材料等。使学生了解材料化学的理论前沿、应用前景和最新发展动态，具备功能材料研究和应用的相关化学基础知识和分析、解决问题的基本能力，并为后续专业课的学习奠定基础。

计算材料学　专业主干必修课程。主要介绍计算模拟（从实验数据出发，通过建立数学模型及数值计算，模拟实际过程）和材料的计算机设计（通过理论模型和计算，预测或设计材料结构与性能）。培养学生使用计算机来研究材料问题的能力，为材料研究提供模拟、预测、分析和设计优化的新方法，加深对材料问题的理解。

金属材料学　专业主干必修课程。系统介绍了金属材料的成分、工艺、组织、性能和应用之间的关系。包括钢铁材料、有色金属合金和新型金属材料三部分。以合金化原理为核心,着重阐明了材料成分与处理工艺的特点,强调了材料组织与性能及应用之间的关系,力图使学生掌握各类金属材料成分设计和制定工艺的依据。

材料制备原理与技术　专业主干必修课程。介绍材料合成与制备的原理、方法和工艺技术。着重介绍单晶体的生长,薄膜、非晶态材料和复合材料的制备方法,功能陶瓷的合成与制备,结构陶瓷和功能高分子的制备方法,等等。通过本课程的学习,学生可掌握先进材料的制备原理和方法,为后续的学习及科学研究奠定基础。

材料电子学　专业主干必修课材料物理模块课程。从原子级微观尺度下材料结构与性能的关系出发,主要阐述电子信息技术产业中所广泛使用的金属、半导体、电介质等多种材料的主要类型、结构特征、基础理论、常用的制备方法、电学特性及影响因素、元器件工作原理和应用,以及该领域科研与工业的最新发展等。

材料磁学　专业主干必修课材料物理模块课程。主要包括宏观尺度下的磁现象,包含磁矩、磁化强度和磁滞、磁致伸缩等磁特性;微观尺度下的磁现象,包含磁畴结构、磁畴运动过程和磁有序;磁性材料的特性、应用及磁性测量方法,包含软磁、永磁和磁记录材料的特性和应

琢料育材，唯实笃行

用，以及材料磁性能的测量方法。

材料表面及界面　专业主干必修课材料物理模块课程。主要内容包括界面结构（界面几何、位错模型、原子间结合力和原子结构等）、界面热力学（界面相和相变、固溶原子偏聚等）、界面动力学（扩散、守恒运动、非守恒运动等）、界面性质（界面的电学、力学性质等）。

材料电化学　专业主干必修课材料化学模块课程。主要介绍电化学基础知识、电化学热力学和电极动力学的基本原理及其应用。主要内容包括化学电池、电极与电解质溶液，化学电池与电解的应用，电极电势与电池电动势，电极过程导论，旋转圆盘电极与交流阻抗法，电化学测试技术，以及金属的腐蚀与防护。

高分子材料　专业主干必修课材料化学模块课程。主要内容包括高分子复合材料增强原理、性能特点、界面性质、复合效应、配方设计、成型工艺及功能高分子复合材料的发展现状等。使学生掌握功能复合材料的原理、设计及成型方法，熟悉典型功能高分子材料的性能及应用。

陶瓷材料　专业主干必修课材料化学模块课程。主要介绍陶瓷材料内部组织及性能之间的内在联系，以及它们在各种因素作用下的变化规律的课程，使学生掌握陶瓷材料制备方法、显微组织、韧化等基本概念和基本原理及陶瓷材料的实际应用方向，培养学生对陶瓷材料的了解和热爱。

▶▶如何学好功能材料专业？

"知之者不如好之者，好之者不如乐之者。"这是一句古老的中国谚语，深刻地揭示了学习的内在动力和源泉。这句话的含义不仅仅是对学习的简单描述，更是对人生态度的一种哲学思考。在功能材料这个专业领域，这句话的含义更是深远。它告诉我们，只有对所学知识充满热情和兴趣，才能在学习过程中保持持久的动力，从而取得更好的学习效果。

首先，培养兴趣和热情是学习功能材料专业的基础。这意味着你需要对功能材料的本质和规律有深入的理解和探索，对新的功能和应用有敏锐的洞察力，对创造新的材料价值有强烈的欲望。这种兴趣和热情会驱使你不断地提出新的问题，寻求答案，从而推动你的学习和研究不断向前发展。当你对某个问题产生浓厚的兴趣时，你会不自觉地去深入了解，去挖掘更多的信息，去尝试各种可能的解决方案。这种积极主动的学习态度，会让你在学

琢料育材，唯实笃行

习过程中更加投入，更容易取得突破性的成果。

其次，打好基础是学习功能材料专业的保障。这包括掌握数学、物理、化学等基础学科的知识和方法，这些是理解和研究功能材料的必备工具。同时，实验课程也是学习功能材料专业的重要组成部分，你需要熟练掌握多种实验仪器和设备，培养实验操作和数据处理的能力。只有掌握了扎实的专业知识，你才能在功能材料领域取得更高的成就。基础学科知识的积累和实验技能的培养，将使你在面对功能材料领域复杂工程问题时，能够迅速找到解决问题的方法和途径。

再其次，拓宽视野是学习功能材料专业的必要条件。你需要通过阅读专业书籍和期刊论文，了解功能材料领域的最新进展和前沿动态，拓展自己的知识面和思维方式。同时，参加各种学术活动和竞赛项目，与不同专业背景的人进行交流和合作，可以提高你的沟通协作和创新能力。通过拓宽视野，你可以更好地了解功能材料领域的发展趋势，为自己的学习和研究找到更多的灵感和方向。一个具有广泛视野的研究人员，更容易发现潜在的问题和机会，从而在功能材料领域取得更大的突破。

最后，坚持不懈是学习功能材料专业的态度和方法。

你需要有持续学习和自我完善的意识和习惯,不断更新知识和技能,适应不断变化的环境。同时,你需要有勇于尝试和面对挑战的勇气和信心,不怕失败和困难,敢于实践和创新。在学习过程中,你可能会遇到很多困难和挫折,但只有坚持不懈地努力,才能最终取得成功。一个成功的功能材料研究人员,往往具有坚定的信念和毅力,能够在面对困难时毫不退缩,勇往直前。

总的来说,学好功能材料专业需要你对功能材料专业有浓厚的兴趣和热情;要有扎实的数学、物理、化学基础;要不断拓宽自己的视野;要有足够的耐心和毅力;等等。这些能力的培养和发展,将使你在功能材料领域取得更高的成就。同时,这些能力也将对你的整个人生产生深远的影响,让你在未来的道路上越走越远。

琢料育材,唯实笃行

舞台广阔　大有可为

科学是无所不在的知识之火，它可以照亮未来的道路。

——N. 特斯拉

▶▶ **高科技发展的基石：功能材料的应用领域和就业前景**

随着经济的快速发展和社会的进步，我国正在实施一系列宏伟的发展战略，以实现国家的繁荣富强和人民的幸福安康。在这一过程中，功能材料在社会发展中的重要作用和地位日益凸显。功能材料广泛应用于能源、环保、信息技术、生物医药、航空航天等众多领域，为我国的科技创新和产业升级提供了强大的支撑。例如，新能源材料的研发和应用有助于解决能源危机，提高能源利用效率；环保材料的应用有助于减少污染物排放，保护生态环境；信息功能材料的发展有助于提高通信速度和质量,推动信息技术的飞速发展。

功能材料正在渗透现代生活的多个领域,为我们的生活带来了前所未有的便利和创新。这些具有特殊性能的材料不仅在科学研究、工业生产和军事领域中发挥着重要作用,还在日常生活中为我们提供了许多实用的解决方案。下面介绍功能材料的一些主要应用领域。

功能材料在光电信息领域的应用　半导体材料(如硅、锗、镓等)被用于制作电子器件和组件,而光学材料(如透射、反射、折射、衍射、光纤等)则用于信息的传输和处理,在显示器件、激光器件、光纤通信、光存储、光开关等光电信息技术中发挥着重要作用。例如,液晶材料可以实现可控的光学各向异性,制作出高清晰度的显示屏;有机半导体材料可以实现低成本的可印刷电子技术,制作出柔性的发光二极管和太阳能电池,推动了电子产品的轻薄化和智能化。此外,纳米材料及固态薄膜材料也在光电信息领域得到了广泛应用。

功能材料在医疗领域的应用　生物相容性材料可以用于制作人造器官、植入物,如血管支架、人工关节、心脏起搏器等,在人体内不会引起排斥反应或副作用。功能材料在药物输送、组织工程、生物传感器、医疗诊断和治

疗等生物医用技术中也发挥着重要作用。例如，生物降解材料可以作为药物载体，在人体内逐渐释放药物并被代谢掉，避免了外科手术的创伤，为患者提供了更安全、更有效的治疗方法，提高了患者的生活质量。

功能材料在建筑领域的应用　高性能混凝土、轻质隔墙板等新型建筑材料，既具有优良的力学性能，又具有良好的隔热、隔音和防火性能。此外，太阳能光伏板的大面积使用，使得建筑物更加节能环保，同时也提高了人们的生活质量。

功能材料在新能源领域的应用　功能材料在新能源领域的应用包括太阳能电池、锂离子电池、燃料电池等，对于实现可持续发展和减少碳排放至关重要。风力发电机等可再生能源设备也离不开功能材料的支持。新能源领域的发展推动了相关领域的高速发展，例如电动汽车的普及离不开锂离子电池等高性能储能材料的发展。这些材料的应用，不仅降低了交通运输的成本，还有助于减少环境污染，从而带动了交通领域和环保领域的高速发展。光伏材料可以将太阳能转换成电能，为人类提供清洁的可再生能源，减少对化石燃料的依赖。

功能材料在航空航天领域的应用　功能材料在航空

航天领域更能发挥优势,因为极端的服役条件就需要不断突破现有材料性能的局限,挑战新功能,研发新材料。例如,碳纤维复合材料的应用,使得飞机、火箭等航天器的质量大大减轻,从而提高了运载能力和燃料效率。

功能材料在家居领域的应用 功能材料在家居领域的应用越来越受到人们的关注。例如,智能家居系统中的传感器、执行器等设备,都离不开功能材料的支持。此外,空气净化器、净水器等环保家电产品的发展,也离不开新型过滤材料、吸附材料等的研发与应用。这些材料的应用,使得家庭生活更加舒适、便捷,同时也提高了人们的健康水平。

功能材料在环保领域的应用 功能材料在水处理、空气净化、气体分离、食品加工等分离与过滤技术中发挥着重要作用。例如,二氧化碳吸附材料、纳米孔膜材料可以实现高效的水净化和海水淡化,解决水资源短缺和污染问题;分子筛材料可以实现高选择性的气体分离和催化,提高能源利用效率和环境质量。

功能材料在仿生智能领域的应用 功能材料在仿生机器人、智能传感器、智能服装、智能建筑等仿生智能技术中发挥着重要作用。例如,形状记忆材料可以实现外

界刺激下的形状变化，模拟生物体的运动方式；压电材料可以实现机械能和电能的相互转换，制作出自供能的传感器和执行器，推动人工智能和物联网技术的发展。

总之，功能材料专业的毕业生有着广泛的就业方向，可以在多个领域发挥自己的专业技能，创造出更多的价值。

综上所述，功能材料专业的重要性主要体现在其高增长性、创新性、跨学科性、应用广泛性和社会价值。近年来高技术领域持续快速增长，市场需求巨大，为专业人才提供了广阔的发展空间。同时，每年有近1万种新材料问世，要求人才具备强大的创新能力和实践能力。此外，功能材料涉及多个学科领域，需要人才具备跨学科知识体系。功能材料正在渗透现代生活的多个领域，为人才提供了丰富的就业选择和发展机遇。功能材料的发展对于推动科技进步、提高人们生活质量具有重要意义，功能材料专业的人才将有机会为人类社会的发展做出贡献。因此，功能材料专业对于培养具备创新能力、实践能力和跨学科知识的专业人才具有重要意义，且随着科技的不断进步和市场需求的不断扩大，其发展前景十分广阔。

▶▶功能材料专业的就业方向

功能材料专业培养学生掌握材料科学与工程的基础理论和基本技能，实施"厚基础、宽口径"的培养模式，专业特色是以金属材料为基础，拓宽到电、光、热、磁、生物和医学等方面具有特殊性能的材料，包括微电子材料、电光材料、光伏材料、生物材料、纳米材料、电磁材料、半导体材料等。通过专业学习，培养出具备材料科学与工程的基础理论、专业知识和实践能力，并能够在功能材料及其相关领域从事科研、技术开发、检测、工艺、设备、生产及经营管理工作的高级专业人才。

因为功能材料专业与新兴高精尖产业联系密切，加之新专业的较强号召力，所以近年来功能材料专业的本科生初次就业率一直位于前列。功能材料专业的毕业生拥有广泛的职业选择，主要包括以下方向：

技术研发类 功能材料新产品的开发、新技术的研究和新工艺的探索。需要具备强烈的创新意识和实验能力，同时对相关领域的前沿动态和市场需求保持敏感。例如，电池技术研究工程师和电子功能材料工程师等职位。

工艺设计类 主要负责功能材料的工艺流程设计、

优化和改进。需要具备强大的数字建模、有限元仿真和可靠性分析等软件技能，同时对相关标准和规范有深入的了解。例如，整机工艺设计工程师和先进工艺设计工程师等职位。

质量管理类　主要负责功能材料的质量检测、分析和控制。需要具备良好的仪器操作和数据处理能力，同时对相关质量体系和管理方法有深入的理解。例如，质检员/测试员和工艺质量员等职位。

产品管理类　主要负责功能材料的产品规划、市场分析和客户服务。需要具备较强的沟通协调和项目管理能力，同时对相关行业和市场有敏锐的洞察力。例如，产品经理和项目经理等职位。

设计创意类　主要负责功能材料的产品外观设计、结构设计和创意开发。需要具备良好的美学素养和创意思维能力，同时要熟练掌握相关设计软件和工具。例如，工业设计师和产品设计师等职位。

近五年的就业方向主要有航空航天、能源、核电、微电子、芯片封装及生物医药等。

随着我国教育水平的不断提升，越来越多的学生不满足于仅仅获得本科文凭，他们选择在国内外知名大学及科研机构继续深造,追求更高的学术成就。

比如国内的清华大学、北京大学、浙江大学、上海交通大学、中国科学技术大学、哈尔滨工业大学、西安交通大学及中国科学院金属研究所等知名高等学府和科研机构;国外的日本东京大学,新加坡国立大学,英国伦敦大学、曼彻斯特大学,美国南加利福尼亚大学,等等,这些都是学生升学的主要去向。这些学校和机构拥有丰富的学术资源和师资力量,为学生提供了广阔的学术交流平台和实践机会。也为学生提供了更广阔的学术视野和国际化的教育环境。

在研究生阶段,学生可以接触到最前沿的学术成果,与世界级的专家学者进行交流,开展创新性的研究工作。这有助于培养他们的批判性思维、创新能力和解决问题的能力,为未来的职业生涯打下坚实的基础。学生还可以接触到不同的学术传统和思维方式,增强跨文化交流的能力。通过与来自世界各地的学生一起学习和生活,培养多元化的文化素养和团队协作精神,提高他们的综合素质,也使他们更具国际竞争力。

无论是选择国内还是国外继续深造,他们都将成为未来学术界的中坚力量,不仅能够实现自己的科研梦想,

为社会的发展做出贡献,而且有望为人类社会的知识进步做出重要的贡献。

▶▶功能材料专业的毕业生示例

2019级某重点高校学生,辽宁省优秀毕业生。曾获国家奖学金、富岗教育基金特等奖学金、学习优秀(一等)奖学金及单项奖学金等奖励,大学四年的生活丰富多彩,不仅在学术上取得了优异的成绩,还积极参与社会实践。他曾远赴青海支教,用自己的知识和热情去点燃那里的孩子对科学的渴望。这段珍贵的回忆成为他人生中一笔宝贵的财富,也让他更加坚定了为国家和民族的发展贡献自己力量的信念。现保研至北京航空航天大学材料科学与工程学院。

2019级某重点高校学生,曾任材料学院学生会主席团成员、校团委实践部工作人员,积极参与社会实践。他从上海的石库门到嘉兴南湖的画舫,在建党百年之际走过中国共产党第一次全国代表大会、中国共产党第二次全国代表大会、中国共产党第四次全国代表大会会址,赓续革命先辈的红色血脉。他一路上昂首阔步,走过了祖国的大好河山,也收获了社会实践团队的省级和校级表彰。大学三年级他参加了世界可持续发展协会(WASD)

的远程实习生工作及日本大阪大学的线上课程。现保研至中国科学院物理研究所。

2019级某重点高校学生,就职于比亚迪汽车有限公司,担任上车身工程师。出于对汽车的热爱及想要使所学专业知识能够得到运用,他选择进入汽车行业,参与汽车研发与设计。他将大学所学的课程知识有效地运用于实际工作中,解决了很多设计上的问题。他认为,学习和工作并非一帆风顺,必定会遇到了很多棘手的问题,要有"打破砂锅问到底"的精神,敢于问问题,才能积累经验,成为学习和工作上的"老"手。

2020级某重点高校学生,就职于中芯国际集成电路制造有限公司,担任工艺整合研发工程师。他通过自身经历明确了材料专业相对于其他理工专业的竞争优势,通过自主学习光学理论、机械设计、软件编程等知识设计出成型的光刻机,并在喜欢的研究方向上不断深挖,成为一名优秀的研发工程师。他鼓励同学要着重培养自己的自主学习能力,勇敢选择自己感兴趣的研究方向。

什么是功能材料？

参考文献

［1］ 教育部高等学校教学指导委员会.普通高等学校本科专业类教学质量国家标准［M］.北京：高等教育出版社,2018.

［2］ 贡长生,张克立.新型功能材料［M］.北京：化学工业出版社,2001.

［3］ 马如璋,蒋民华,徐祖雄.功能材料学概论［M］.北京：冶金工业出版社,1999.

［4］ 殷景华,王雅珍,鞠刚.功能材料概论［M］.哈尔滨：哈尔滨工业大学出版社,2017.

［5］ 孙兰.功能材料及应用［M］.成都：四川大学出版社,2015.

［6］ EWA klodzinska. functional materials：properties performance and evaluation［M］. Burlington：Apple academic press,2021.

［7］ 中华人民共和国教育部. 普通高等学校本科专业目录（2012 年）［EB/OL］.（2012-09-18）［2024-04-10］. http：//www. moe. gov. cn/srcsite/A08/moe ＿ 1034/s3882/201209/t20120918_143152. html.

［8］ 中华人民共和国教育部. 学位授予和人才培养学科目录（2018 年 4 月更新）［EB/OL］.（2018-04-19）［2024-04-10］. http：//www. moe. gov. cn/jyb_sjzl/ziliao/A22/201804/t20180419_333655. html.

［9］ 中国工程教育专业认证协会. 工程教育认证专业类补充标准（2020 年修订）［EB/OL］.（2020-06-27）［2024-04-10］. https：//www. ceeaa. org. cn/gcjyzyrzxh/xwdt/tzgg56/620333/index. html.

"走进大学"丛书书目

什么是材料？　　赵　杰　　大连理工大学材料科学与工程学院教授

什么是金属材料工程？

　　　　　　　　王　清　　大连理工大学材料科学与工程学院教授

　　　　　　　　李佳艳　　大连理工大学材料科学与工程学院副教授

　　　　　　　　董红刚　　大连理工大学材料科学与工程学院党委书记、教授(主审)

　　　　　　　　陈国清　　大连理工大学材料科学与工程学院副院长、教授(主审)

什么是功能材料？

　　　　　　　　李晓娜　　大连理工大学材料科学与工程学院教授

　　　　　　　　董红刚　　大连理工大学材料科学与工程学院党委书记、教授(主审)

　　　　　　　　陈国清　　大连理工大学材料科学与工程学院副院长、教授(主审)

什么是自动化？　王　伟　　大连理工大学控制科学与工程学院教授

　　　　　　　　　　　　　国家杰出青年科学基金获得者(主审)

　　　　　　　　王宏伟　　大连理工大学控制科学与工程学院教授

　　　　　　　　王　东　　大连理工大学控制科学与工程学院教授

　　　　　　　　夏　浩　　大连理工大学控制科学与工程学院院长、教授

什么是计算机？　嵩　天　　北京理工大学网络空间安全学院副院长、教授

什么是人工智能？江　贺　　大连理工大学人工智能大连研究院院长、教授

　　　　　　　　　　　　　国家优秀青年科学基金获得者

　　　　　　　　任志磊　　大连理工大学软件学院教授

什么是土木工程？

　　　　　　　　李宏男　　大连理工大学土木工程学院教授

　　　　　　　　　　　　　国家杰出青年科学基金获得者

什么是水利？　张　弛　　大连理工大学建设工程学部部长、教授

　　　　　　　　　　　　　国家杰出青年科学基金获得者

什么是化学工程？

　　　　　　　　贺高红　　大连理工大学化工学院教授

　　　　　　　　　　　　　国家杰出青年科学基金获得者

　　　　　　　　李祥村　　大连理工大学化工学院副教授

什么是矿业？　万志军　　中国矿业大学矿业工程学院副院长、教授

　　　　　　　　　　　　　入选教育部"新世纪优秀人才支持计划"

什么是纺织？　伏广伟　　中国纺织工程学会理事长(作序)

　　　　　　　　郑来久　　大连工业大学纺织与材料工程学院二级教授

什么是轻工？　石　碧　中国工程院院士

四川大学轻纺与食品学院教授（作序）

平清伟　大连工业大学轻工与化学工程学院教授

什么是海洋工程？

柳淑学　大连理工大学水利工程学院研究员

入选教育部"新世纪优秀人才支持计划"

李金宣　大连理工大学水利工程学院副教授

什么是海洋科学？

管长龙　中国海洋大学海洋与大气学院名誉院长、教授

什么是航空航天？

万志强　北京航空航天大学航空科学与工程学院副院长、教授

杨　超　北京航空航天大学航空科学与工程学院教授

入选教育部"新世纪优秀人才支持计划"

什么是生物医学工程？

万遂人　东南大学生物科学与医学工程学院教授

中国生物医学工程学会副理事长（作序）

邱天爽　大连理工大学生物医学工程学院教授

刘　蓉　大连理工大学生物医学工程学院副教授

齐莉萍　大连理工大学生物医学工程学院副教授

什么是食品科学与工程？

朱蓓薇　中国工程院院士

大连工业大学食品学院教授

什么是建筑？　齐　康　中国科学院院士

东南大学建筑研究所所长、教授（作序）

唐　建　大连理工大学建筑与艺术学院院长、教授

什么是生物工程？贾凌云　大连理工大学生物工程学院院长、教授

入选教育部"新世纪优秀人才支持计划"

袁文杰　大连理工大学生物工程学院副院长、副教授

什么是物流管理与工程？

刘志学　华中科技大学管理学院二级教授、博士生导师

刘伟华　天津大学运营与供应链管理系主任、讲席教授、博士生导师

国家级青年人才计划入选者

什么是哲学？　林德宏　南京大学哲学系教授

南京大学人文社会科学荣誉资深教授

刘　鹏　南京大学哲学系副主任、副教授

什么是经济学？原毅军　大连理工大学经济管理学院教授

什么是经济与贸易？

黄卫平　中国人民大学经济学院原院长

中国人民大学教授（主审）

黄　剑　中国人民大学经济学博士暨世界经济研究中心研究员

什么是社会学？张建明　中国人民大学党委原常务副书记、教授（作序）

陈劲松　中国人民大学社会与人口学院教授

仲婧然　中国人民大学社会与人口学院博士研究生

陈含章　中国人民大学社会与人口学院硕士研究生

什么是民族学？南文渊　大连民族大学东北少数民族研究院教授

什么是公安学？靳高风　中国人民公安大学犯罪学学院院长、教授

李姝音　中国人民公安大学犯罪学学院副教授

什么是法学？　陈柏峰　中南财经政法大学法学院院长、教授

第九届"全国杰出青年法学家"

什么是教育学？孙阳春　大连理工大学高等教育研究院教授

林　杰　大连理工大学高等教育研究院副教授

什么是小学教育？刘　慧　首都师范大学初等教育学院教授

什么是体育学？于素梅　中国教育科学研究院体育美育教育研究所副所长、研究员

王昌友　怀化学院体育与健康学院副教授

什么是心理学？李　焰　清华大学学生心理发展指导中心主任、教授（主审）

于　晶　辽宁师范大学教育学院教授

什么是中国语言文学？

赵小琪　广东培正学院人文学院特聘教授

武汉大学文学院教授

谭元亨　华南理工大学新闻与传播学院二级教授

什么是新闻传播学？

陈力丹　四川大学讲席教授

中国人民大学荣誉一级教授

陈俊妮　中央民族大学新闻与传播学院副教授

什么是历史学？张耕华　华东师范大学历史学系教授

什么是林学？ 张凌云　北京林业大学林学院教授

张新娜　北京林业大学林学院副教授

什么是动物医学？陈启军　沈阳农业大学校长、教授

国家杰出青年科学基金获得者

"新世纪百千万人才工程"国家级人选

高维凡　曾任沈阳农业大学动物科学与医学学院副教授

吴长德　沈阳农业大学动物科学与医学学院教授

姜　宁　沈阳农业大学动物科学与医学学院教授

什么是农学？ 陈温福　中国工程院院士

沈阳农业大学农学院教授(主审)

于海秋　沈阳农业大学农学院院长、教授

周宇飞　沈阳农业大学农学院副教授

徐正进　沈阳农业大学农学院教授

什么是植物生产？

李天来　中国工程院院士

沈阳农业大学园艺学院教授

什么是医学？ 任守双　哈尔滨医科大学马克思主义学院教授

什么是中医学？贾春华　北京中医药大学中医学院教授

李　湛　北京中医药大学岐黄国医班(九年制)博士研究生

什么是公共卫生与预防医学？

刘剑君　中国疾病预防控制中心副主任、研究生院执行院长

刘　珏　北京大学公共卫生学院研究员

么鸿雁　中国疾病预防控制中心研究员

张　晖　全国科学技术名词审定委员会事务中心副主任

什么是药学？ 尤启冬　中国药科大学药学院教授

郭小可　中国药科大学药学院副教授

什么是护理学？姜安丽　海军军医大学护理学院教授

周兰姝　海军军医大学护理学院教授

刘　霖　海军军医大学护理学院副教授

什么是管理学？齐丽云　大连理工大学经济管理学院副教授

汪克夷　大连理工大学经济管理学院教授

什么是图书情报与档案管理？

李　刚　南京大学信息管理学院教授

什么是电子商务？李　琪　西安交通大学经济与金融学院二级教授

彭丽芳　厦门大学管理学院教授

什么是工业工程？ 郑　力　清华大学副校长、教授（作序）
周德群　南京航空航天大学经济与管理学院院长、二级教授
欧阳林寒　南京航空航天大学经济与管理学院研究员
什么是艺术学？ 梁　玖　北京师范大学艺术与传媒学院教授
什么是戏剧与影视学？
梁振华　北京师范大学文学院教授、影视编剧、制片人
什么是设计学？ 李砚祖　清华大学美术学院教授
朱怡芳　中国艺术研究院副研究员